U0237615

中国林长制
建设规划研究

国家林业和草原局产业发展规划院　编著

中国林业出版社
China Forestry Publishing House

图书在版编目(CIP)数据

中国林长制建设规划研究 / 国家林业和草原局产业
发展规划院编著. -- 北京：中国林业出版社，2022.4
ISBN 978-7-5219-1627-0

Ⅰ.①中… Ⅱ.①国… Ⅲ.①森林保护—责任制—研
究—中国 Ⅳ.①S76

中国版本图书馆CIP数据核字(2022)第053835号

责任编辑： 孙　瑶
出版发行： 中国林业出版社
　　　　　　（100009 北京市西城区刘海胡同7号）
电　　话： 010-83143629
印　　刷： 北京雅昌艺术印刷有限公司
版　　次： 2022年4月第1版
印　　次： 2022年4月第1版
开　　本： 787mm×1092mm　1/16
印　　张： 12.75
字　　数： 300千字
定　　价： 188.00元

《中国林长制建设规划研究》

组织单位

国家林业和草原局产业发展规划院

主　编

彭　蓉

副 主 编

李梓雯

编著团队

龚　容	苏　博	高　媛	杨素丽
王　岩	张谊佳	马　兰	王孟欣
赵　明	薛彦新	于乃群	刘　海
吴　岳	商　楠	张　邈	吕　将
王旖静	姜　哲	贾晓君	程子岳
孙道千	刘亚楠	张承宇	刘睿琦
苏日娜	姚　清	赵依丹	石峤瑀
申　超	陶禹行		

主　编

　　彭蓉，博士，国家林业和草原局产业发展规划院副总工程师，国家一级注册建筑师，教授级高级工程师，硕士生导师，享受政府特殊津贴，全国三八红旗手，中国林业工程建设协会风景园林专业委员会专家委员主任，全国国家公园和自然保护地标准化技术委员会委员，中国国际工程咨询协会专家咨询委员会专家委员。从事风景园林规划设计和理论研究工作30年，承担相关规划设计项目400多个，涉及国家公园、自然保护区、自然公园、森林城市、城市公园绿地、古建筑等方面，获得省部级优秀咨询、规划、设计奖30余项；出版本专业领域论著3篇，发表论文20余篇；参与5部国家标准的编制工作；多次参加国内外各种学术会议做主题发言。

副 主 编

　　李梓雯，硕士，国家林业和草原局产业发展规划院规划设计室主任，高级工程师，主要从事林业工程、风景园林咨询工作，承担规划设计项目百余项，涉及林长制、林业产业、国家储备林、森林城市、自然保护地、生态旅游等领域，多次获得项目奖项，其中《六安市林长制改革总体规划（2019—2025年）》获得全国林业优秀工程咨询一等奖；撰写本专业领域论文论著10余篇，参与出版论著5本；参与国家标准的编制工作。

编著团队

　　国家林业和草原局产业发展规划院是国家林业和草原局直属单位，以从事林业工程、风景园林、林产工业、建筑工程的咨询、规划、设计、项目管理和工程总承包为核心业务，为工程建设项目提供多方位、全过程服务。

　　国家林业和草原局产业发展规划院现有员工400多名，中高级职称人数占80%以上。其中：国家级设计大师、享受国家特殊津贴的专家及有突出贡献的中青年专家20余名；各类注册工程师百余人。

　　为全面推进林业和草原工程建设，提供有力的技术支撑和服务保障，竭诚为社会、为林业和草原行业、为各界顾客提供优良的产品和服务。

Preface
前言

  林长制是推进生态文明建设的重大制度创新。2017年，我国开始探索实行林长制；2019年，林长制被写入《森林法》；2020年，中共中央办公厅和国务院办公厅联合印发了《关于全面推行林长制的意见》。经过创新探索、试点建立、全面推行三个阶段的发展，林长制改革成效获得党中央、国务院的充分肯定。目前全国各省已基本建立林长制组织体系和制度体系。

  林长制的全面推行，是全面贯彻习近平生态文明思想和新发展理念的重大实践，也是守住自然生态安全边界的必然要求，能有效解决林草资源保护的内生动力问题、长远发展问题、统筹协调问题，不断增进人民群众的生态福祉，更好地推动生态文明和美丽中国建设。

  自开展林长制改革试点工作以来，全国各地把林长制改革作为加快林草治理体系建设和治理能力现代化的重要抓手。在林长制的改革过程中，各地注重源头管理和基层建设，划分森林资源责任区网格单元，针对发现的突出问题提出意见并加强督办，推动落实保护发展森林草原资源的目标责任制，构建党委领导、党政同责、属地负责、部门协同、源头治理、全域覆盖的长效机制。

本书广泛汲取行业专家和领导的观点、意见，通过座谈调研、资料整理及文献阅读，总结近几年全国各地林长制实践中积累的经验做法和成效，结合国家林业和草原局产业发展规划院编制的《六安市林长制改革总体规划（2019—2025年）》和各地林长制改革工作过程中的实际案例，立足林长制改革工作的目标和任务，阐述林长制的起源、发展、定义与内涵，介绍林长制改革工作的具体实施步骤，探讨林长制组织体系、制度体系、监督考核体系、信息化平台、宣传教育体系的构建。希望本书的出版能为推进林长制改革工作提供理论支撑，为各地开展林长制改革工作提供借鉴指导。

林长制作为森林和草原监管体制和领导机制的重大创新，其理论和方法在各地的实践中正不断地丰富和创新。由于编者水平有限，本书存在的不足，敬请广大读者指正。

本书要特别感谢国家林业和草原局森林资源管理司林长制工作处提供的全国各地林长制改革情况资料；感谢安徽省林业局林长制工作处、江西省林业局林长制办公室、贵州省林业局林长制办公室、河南省林业局林长制工作专班、重庆市总林长办公室等单位提供的林长制改革先进经验做法；感谢六安市林业局、安庆市林业局、滁州市林业局、蚌埠市自然资源和规划局、新乡市林业局、信阳市林业和茶产业局、新县林业和茶产业局、定远县自然资源和规划局提供的林长制改革典型案例和工作成效，并为本书的编著提供了大量图片资料；感谢抚州市林业局、资溪县林业局提供的林长制信息化平台建设经验；感谢中国林业科学研究院韩锋、张金晓，国家林业和草原局发展研究中心陈雅如，北京林业大学贾黎明教授对本书的大力支持。

编著者

2022年

Contents
目 录

建设规划研究

中国林长制

林长制概述

第一章

第一节
林长制起源与发展

一、林长制的起源沿革

（一）中国林业管理机构的发展

1 中国古代林业管理机构

先秦时期
公元前221年以前

林业政策和管理的重点是林木利用。这一时期林木茂盛、人口稀少，人类活动对森林影响较小。西周以后，人们对天地自然认识逐步深入并受先秦文化影响，开始对林木有了初步的利用。周代以后开始设置山虞、林衡等具有相应职能的林业管理机构，山虞属于行政机构。负责山林政令，林木、动物、矿石等森林资源的取用；林衡为具体的林业执行机构，在山林间执行实地管理任务和法令，执行山虞下达的政令。

秦汉时期
公元前221—
公元220年

林业政策和管理的重点是林木利用和培育，林业取得了很大的发展，设置了少府、将作大将、水衡都尉等明确职掌林业的职官，加强对林业的管理。并提倡合理利用森林资源，加强森林防火，禁止乱砍滥伐。在植树造林方面也取得了长足的发展。秦代采取中央集权，地方设置郡县分地巡守的政治模式，由少府监管山林政令、木材采伐、植树造林和林业赋税。汉景帝时设置大司农管理农林，设置东园主章专管林木。汉平帝设置大司农专门从事劝课农桑和教民植树事务。

林业政策和管理以林木利用、林木培育和林木保护并重。这一时期是中国历史上最混乱的阶段，多个政权频繁交替。为了尽快稳定社会和发展生产，各个统治者都在主政初始就频繁地颁布有序利用、劝课农桑和禁止毁林等政策，林业管理均衡、全面开展。这一时期的林业管理职能仍然归属司农、将作等上层管理机构，从机构设置上看没有全职的、专业的林业职官。许多林木保护、植树造林的林业政策与活动，也都是在农林、农桑并举的前提下提出并得到执行。南北朝时期主管林业的职官，梁称大匠卿，北齐称大匠，北周称匠师中大夫、司木中大夫。

林业政策和管理的重点是林木培育。这一时期国力日渐强盛，生产力水平不断提高。统治者认识到森林的经济和环境价值，对森林的管理转变为以种植、栽培为主，绿化林、观赏林和经济林等人工种植林发展迅速。隋朝改变前朝政府设置格局，新创三省六部制管理体制，唐代承袭发展。林业管理职能归属三省六部诸寺、诸监管辖。其中尚书省户部（本司、度支司）、工部（本司、虞部司）执掌林业管理和利用之政令，属于林业政务机构；司农寺、将作监、少府监及其所辖有关的署、监分掌劝课农桑、竹木种植、材木采伐、薪炭供应、园林管护及木工技巧等具体事务，属于林业事务（职能）机构。

林业政策和管理的重点是林木保护和林木培育。这一时期中国进入了快速发展阶段，森林资源需求量不断增长，出现了迅速减少的森林资源无法满足不断增长的林木需求量，以及天然林趋于砍伐殆尽急需人工培育林木补充的局面。统治者受到社会发展受制于森林资源供应不足的影响，在继续加强林木培育政策的基础上，首次将林木保护作为缓解矛盾的主要措施，并且列为政府林业管理的重点。宋代林业职官的设置与管理，从中央到地方都形成了一套较完备的体系，设工部、虞部、将作监管理山泽和苑囿林木。

林业政策和管理的重点是林木利用和林木保护。这一时期中国封建社会发展到了最高点，社会快速发展带来森林资源消耗量剧增。同时，受到都城建设、农垦等因素影响，森林面积严重萎缩。统治者受到日益枯竭的森林资源已经远远不能满足巨大的木材需要量及灾害频发的影响，被迫制定了更加严格的林木保护政策，加强林木利用管理，各项林业政策和管理结构与当代已比较接近。清政府由工部掌管部分林业事务，从林业管理机构组成来看，森林采伐、税负征收、围场禁猎、皇家园林等分别制定了管理政策和设置专门管理机构，基层的府、州、县等政府机构逐渐承担起了荒山治理、造林绿化的职能。

清朝时期设置有护林组织和人员，并明确其职责。护林员称为"树头""树长""山甲"等。对其品行、职责、考绩有明确规定。有护林碑记载："树长须公平正直，明达廉贞，倘有偏依贪婪，即行另立"。山甲为树长属下的巡山人，其职责是："须日日上山巡查，不得躲懒隐匿，否则扣除工食"。比较有名的林业上的建树，要数乾隆年间（1746—1750年）直隶省无极县知县黄可润。黄可润初任职时，见当地"四十里皆平沙，民生憔悴"，他认识到"沙随风起，唯树可以挠风"，于是劝民植树，改造沙荒。他总结民间经验，不仅在技术上植树得法，而且针对林业中存在的问题，随即"立定章程"并张贴公布，使家喻户晓，严格执行。在他有限的任职期内，植树防沙取得显著效果。植树四年后，"树大者已成林，小者亦畅茂，通计四十余村，绵亘四十余里，从前沙荒不毛，今一望青葱，且成树者风沙不刮，中播杂粮，民生渐有起色。"黄可润由于政绩卓著，深得百姓爱戴，当他离任无极县时，民众"攀辕送者万人"，并把这一带树林称为"黄公树"。

黄可润所立章程如下：一、凡有主之地，令本人自行栽种，限期栽满，过期不种者，任他民分种，并为种树人所有，原主不得干涉；二、各村无主之地，由官府按家资大小、劳力多少进行分配，上户可占植三十亩，中户占植二十亩，下户十亩，将全部沙地尽行栽满为止；三、将来树大成材，"树与地皆自己之业"，一律归种树人所有，官府发给印示为凭，永不起科纳税；四、设立监察制度，分区负责，每村推选练长一人，"择乡地之明白而殷实者为之"，严禁偷盗作践，有犯者必严惩。

2 中国近代林业管理机构

鸦片战争以后，中国社会一步步沦落为半殖民地半封建社会，中国历史走向近代。与以往相比，由于增加了帝国主义掠夺和近代的战争毁林两个新因素，致使森林资源破坏达到有史以来的最高峰。

清代后期
1841—1911年

从顺治皇帝开始，清政府的工部掌管部分林业事务。工部负责管理土木建筑、器具制造、水利工程、陵寝管理等，下设营缮、虞衡、清水、屯田四清吏司分别掌管。光绪二十四年（1898），清政府设农工商总局，下设农务司，林业由农务司掌管。光绪二十九年（1903）设商部，内设平均司，林业由该司掌管。光绪三十二年（1906），商部改为农工商部，平均司改为农务司，其职掌范围包括农田、垦牧、树艺、蚕桑、水产、丝茶等事宜。光绪三十三年（1907），各省设劝业道，掌管全省的农工商业。其下设总务、农务、工艺、商务、矿务、邮传6科。农务科掌管农田、屯垦、森林、渔业、树艺、蚕桑等事宜，并管辖农会、农事实验场。省下的各厅、州、县分别设劝业道。同年，吉林林业公司和吉兴林业总局成立。到宣统元年（1909），有些省设立了专门的林业机构，如奉天省（今辽宁省）设种树公所，黑龙江省设木植局等。

北洋政府时期
1912—1927年

该时期，出现了一些我国近代以来最早的林业专门机构和官职。如山林司、林务总局、林务处、森林局、林艺试验场（林场）、林务研究所、林务专员办事处、林务专员等。1912年1月1日，中华民国临时政府成立于南京，设实业部，张謇任总长，下分农务、矿务、工务、商务4司，林业由农务司分管。1912年4月，迁都北京后，实业部分为农林、工商两部。农林部由宋教仁任总长，设农务、山林、垦牧、水产4司，林业由山林司主管。1913年10月，农林、工商2部合并为农商部，仍由张謇任总长，设农林、工商、渔牧3司和矿政局，林业由农林司主管。

国民政府统治时期
1928—1949年

该时期林业机构多变，先后经历农矿部、实业部、经济部、农林部几个时期。直辖机构有林业试验所、国有林业管理处、经济林场、水土保持实验区。各省林业由建设厅、实业厅主管，厅下设林务局或造林场。

农矿部时期（1928年3月～1930年12月），1928年3月，成立农矿部。部下设农务、农民、矿业三司和总务处，林业由农务司掌管。10月，改设总务、林政、农政、矿政4司，林业行政由林政司负责。

实业部时期（1930年12月～1937年1月），1930年12月，农矿、工商2部合并为实业部。实业部内设林垦署管理全国林业。

经济部时期（1938年1月～1940年5月），1938年1月，为适应抗日战争形势，实业部改为经济部，林垦署被裁撤，林业由经济部农林司管理。

农林部时期（1940年5月～1949年4月），1940年5月成立农林部，内设林业司，主管林业行政。

3 新中国林业管理机构

新中国成立后中央林业管理部门在70多年间先后经历了林垦部→林业部→林业部与森工部分立→林业部→农林部→林业部→国家林业局→国家林业和草原局等8个主要时期。从林业的性质来看，历史上由于过于强调以木材生产为主的经济功能，大力发展工业人工林、防护林，以农用功能为主。1998年"天然林保护工程"的启动，标志着中国林业走上以生态效益为主的道路，进入由传统林业向现代林业跨越发展的新时期。

1949年10月，新中国成立后，根据中央人民政府组织法，设立了中央人民政府林垦部，管理全国林业经营和林政工作，国家任命著名林学家梁希为林垦部部长。

1951年11月5日，中央人民政府决定将林垦部改为林业部。1954年11月30日，中央人民政府林业部改为中华人民共和国林业部，梁希任部长。

1956年5月12日，为适应国家经济建设迅速发展对木材的需要，全国人大常委会决定，成立中华人民共和国森林工业部，主管全国的森林工业，内设10个司局。森林工业部由罗隆基任部长。同时保留林业部，主管全国造林营林和林产品生产，林业部内设7个司局，梁希任部长。

1958年2月11日，第一届全国人大常委会第五次会议决定，森林工业部和林业部合并为林业部。梁希部长1958年12月逝世后，由刘文辉任部长。1966年"文革"开始后，林业管理机构被撤销，专业干部和技术人员大量流失，森林资源遭受巨大损失。1967年10月，国家对林业部实行军事管制后，任命王云为军管会主任。

1970年5月，林业部和农业部合并成立了农林部。1972年，沙风任农林部部长，罗玉川任副部长。这一时期林业行政管理工作开始有所转机。

1979年2月16日，中共中央、国务院决定撤销农林部，成立农业部、林业部。同时，各省（区、市）的林业、农林厅（局）也相继恢复或者重建。从中央到地方，林业行政管理体系逐渐形成。在此时期，历任林业部部长为：罗玉川（1979—1980年）、雍文涛（1980年8月~1982年4月）、杨钟（1982年4月~1987年6月）、高德占（1987年6月~1993年3月）、徐有芳（1993年3月~1997年7月）、陈耀邦（1997年7月~1998年3月）。

1998年3月10日，根据国家机构改革的统一安排部署，林业部改为国务院直属机构国家林业局。国家林业局局长先后为：王志宝（1998年3月~2000年11月）、周生贤（2000年11月~2005年11月）、贾治邦（2005年11月~2012年3月）、赵树丛（2012年3月~2015年6月）、张建龙（2015年6月~2018年3月）。

为加大生态系统保护力度，统筹森林、草原、湿地监督管理，加快建立以国家公园为主体的自然保护地体系，保障国家生态安全，国务院机构改革方案提出，将国家林业局的职责、农业部的草原监督管理职责，以及国土资源部、住房和城乡建设部、水利部、农业部、国家海洋局等部门的自然保护区、风景名胜区、自然遗产、地质公园等管理职责整合，组建国家林业和草原局，由自然资源部管理。国家林业和草原局加挂国家公园管理局牌子。2018年3月，十三届全国人大一次会议表决通过了关于国务院机构改革方案的决定，组建国家林业和草原局，不再保留国家林业局。国家林业和草原局(国家公园管理局)局长先后为张建龙（2018年3月～2020年5月）、关志鸥（2020年5月至今）。

中华人民共和国成立后的70多年间，森林资源的所有制实现了从私有到国有和集体所有的转变。前40年"大木头主义"占主导地位，森林资源受到严重破坏；后30年开始重视森林的生态效益。国家重视林业生态工程建设，人工造林和自然保护区建设取得显著成绩。以《森林法》为核心的林业法规体系初步形成，逐步走上依法治林的轨道。

（二）中国生态责任制度的发展

1984年，中共中央办公厅、国务院办公厅在《关于深入扎实地开展绿化祖国运动的指示》中指出：要把植树、绿化祖国的重任放在各级党委、政府和所有单位领导干部肩上。

1987年，中央文件明确规定：实行领导干部保护、发展森林资源任期目标责任制，将森林资源的消长作为县领导政绩考核的主要内容之一。

1994年，国务院办公厅《关于加强森林资源保护管理工作的通知》要求坚持实行领导干部保护、发展森林资源任期目标责任制，各级人民政府要切实加强对森林资源保护管理工作的领导，把保护、抚育和发展森林资源，制止乱砍滥伐林木、非法侵占林地，以及乱捕滥猎野生动物，作为重要任务来抓。坚持把森林资源消长作为考核各级领导，特别是考核县、乡领导政绩的内容之一。凡任期内对乱砍滥伐、非法侵占林地和乱捕滥猎制止不力，造成重大损失的，必须追究行政主要领导人的责任。对保护、抚育和发展森林资源成绩卓著者，要给予表彰和奖励。要提高全民法制观念，增强全社会保护管理森林资源和生态环境的意识，动员和组织广大人民群众共同做好森林资源的保护和管理工作。

2003年，国家提出要坚持并完善林业建设任期目标管理责任制，规定各级地方政府对本地区林业工作全面负责，政府主要负责同志是林业建设的第一责任人，分管负责同志是林业建设的主要责任人；对林业建设的主要指标，实行任期目标管理，严格考核、严格奖惩，并由同级人民代表大会监督执行。之后，广东等地开始探索实施林业目标责任制，并出台相关文件和奖惩办法，以强化森林资源的保护和管理，落实森林防火各项工作，推进生态公益林的建设和管理，进一步促进生态建设和林业发展。

2011年，国务院公布《国家环境保护"十二五"规划》，把生态文明建设指标纳入地方政府政绩考核中，实行环境保护"一票否决制"。

2015年，中共中央办公厅、国务院办公厅印发《党政领导干部生态环境损害责任追究办法（试行）》，规定地方各级党委和政府对本地区生态环境和资源保护负总责，党委和政府主要领导成员承担主要责任，其他有关领导成员在职责范围内承担相应责任，还在第12条中规定了"实行生态环境损害责任终身追究制"。

（三）生态文明建设时期的林长制

2012年，中国共产党第十八次全国代表大会将生态文明建设列入"五位一体"的中国特色社会主义事业总体布局，并明确写入党章。会议指出建设生态文明，是关系人类福祉、关乎民族未来的长远大计，一定要在全国营造大力推进生态文明建设的浓厚氛围。十八大以来，中央提出了一系列生态文明建设的新理念、新思路、新举措。习近平生态文明思想是新时代中国特色社会主义思想的重要组成，蕴含着坚持"绿水青山就是金山银山""良好生态环境是最普惠的民生福祉""生态兴则文明兴"的科学理念；坚持"山水林田湖草是生命共同体"，统筹经济发展、生态保护和环境民生，"统筹山水林田湖草系统治理"的科学方式；坚持"用最严格制度最严密法治保护生态环境"，为生态文明建设提供长效机制的制度要求；坚持构建人类命运共同体，实现"人与自然和谐共生"的治理目标。

森林和草原是重要的自然生态系统，对维护国家生态安全、推进生态文明建设具有基础性、战略性作用。而个别地方为了经济发展，时有发生违法侵占林地草地、破坏森林草原资源的现象。森林草原资源保护与地方政府行政领导职责约束不强，仅靠林草部门往往力不从心。林长制通过强化部门联动和责任落实，将林业部门的"独角戏"转变为多部门的"大合唱"，将保护发展林草资源的目标责任由虚转实，以解决林业草原发展改革过程中存在的管护、职责问题。林长制的实施显著增强了党政领导重视、推动林草事业发展的责任和意识，极大推动了相关部门和社会各界深度参与林草各项工作，强化了林草基层基础能力建设。

2018年12月，全国绿化委员会、国家林业和草原局印发《关于积极推进大规模国土绿化行动的意见》，提出要将大规模国土绿化纳入当地经济和社会发展规划、国土空间规划，落实领导干部任期国土绿化目标责任制，把国土绿化工作目标纳入地方政府年度考核评价体系。大力推行林长制，建立省、市、县（区）、乡镇（街道）、村（社区）五级林长制体系。

2019年7月，新修订的《中华人民共和国森林法》提出，国家实行森林资源保护发展目标责任制和考核评价制度。上级人民政府对下级人民政府完成森林资源保护发展目标和森林防火、重大林业有害生物防治工作的情况进行考核，并公开考核结果。地方人民政府可以根据本行政区域森林资源保护发展的需要，建立林长制。

2020年10月，党的十九届五中全会提出要守住自然生态安全边界、提升生态系统质量和稳定性等新任务，也为林草工作提出了新要求，必须通过制度改革不断完善体制机制，激发内生动力，构建林草事业发展新格局。十九届五中全会审议通过的国民经济发展"十四五"规划中提出要科学推进荒漠化、石漠化、水土流失综合治理，开展大规模国土绿化行动，推行林长制。在深入调研、总结地方经验的基础上，2020年11月，中央深改委第十六次会议审议通过了《关于全面推行林长制的意见》（以下简称《意见》）；

2020年12月28日，中共中央办公厅、国务院办公厅印发《意见》，指出全面推行林长制，按照山水林田湖草系统治理的要求，坚持生态优先、保护为主，坚持绿色发展、生态惠民，坚持问题导向、因地制宜，建立健全党政领导责任体系，明确各级林长的森林草原保护发展责任。确保到2022年6月全面建立林长制，提升森林和草原等生态系统功能。

二、新时代林长制的发展

谈及林长制改革，不得不阐述"长制"的开端——河长制。河长制源于2007年8月，江苏省无锡市为应对水危机，率先实施，由各级党政负责人负责所辖区域河道水污染治理。河长制改革以2007年太湖蓝藻事件暴发水污染危机为开端，2016年12月，中共中央办公厅、国务院办公厅印发《关于全面推行河长制的意见》，将河长制视为"保障国家水安全的制度创新"。从市级、省级再到国家层面的纲领性文件，河长制至此由地方实践上升为国家意志，在全国推行，由各级党政负责人担任河长，负责所辖区域河湖的管理与保护。

河长制结合实际情况在体制机制、政策措施、考核评估及信息化建设等方面取得了创新经验，形成了"水陆共治、部门联治、全民群治"的氛围，各地形成了"政府主导、属地负责、行业监管、专业管护、社会共治"的格局。英国学者多罗威兹提出并阐述了政策转移理论，认为政策转移是指某一个时空有关政策、行政安排和制度的知识被运用在另一个时空的政策、行政安排和制度的设计过程。政策转移按照不同的特征可分为5个类型：复制、模仿、混合、合成、启发。林长制就是在河长制的运行机制下政策"再生产"的典型案例。

党的十八大以来"绿水青山就是金山银山"的理念深入人心，全国各地以"两山论"为指导开始了对林业治理体系和治理能力现代化的探索和实践。党的十九届四中全会关于坚持和完善生态文明制度体系的部署，是深化林长制改革的指南针。林长制作为实现林业治理能力现代化的制度性探索创新，追溯其新时代发展历程，总体上经历了创新探索、试点建立、全面推广3个阶段。

第一阶段：创新探索阶段（2016年6月~2017年3月）。该阶段通过制度创新探索资源管理新模式。2016年6月，江西省抚州市创新建立山长制，全面推行以各级政府党政领导履行森林资源保护管理责任为目的的山长制，各地四级同抓、党政同责，初步构建了市、县（区）、乡镇（街道）、村（社区）四级山长责任管理体系。抚州市政府印发了《抚州市"山长制"工作实施方案》，山长制由市委、市政府主要领导分别担任行政区域"总山长""副总山长"，县（区）党政主要领导担任区域"山长""副山长"，推动乡（镇）党委和政府以及村级组织全面履行森林资源保护管理责任，创新森林保护管理体制，建立部门联管、全民共管的森林资源保护管理长效机制，加强森林资源管理，保护森林资源和生态环境，实现青山常在，永续利用。山长制实质就是党政首长负责制。2017年3月，江西省九江市武宁县探索实行林长制，并出台《"林长制"工作实施方案》，构建县（区）、乡镇（街道）、村（社区）三级林长体系，形成政府主导、部门联动、全民参与的森林资源保护管理新机制，这是政府出台与林长制直接相关的第一份文件。

第二阶段：试点建立阶段（2017年3月~2020年11月）。该阶段通过在全国部分省份制定林长制组织体系、制度体系和工作机制，试点林长制体制机制改革，探索林长制改革典型经验。2017年3月，安徽省率先在全国建立起以党政领导责任制为核心的五级林长制组织体系，并在合肥、安庆、宣城3市试点林长制改革。2018年，安徽省全面推行林长制改革，建立省、市、县（区）、乡镇（街道）、村（社区）五级林长体系。2019年4月，国家林业和草原局同意安徽省创建全国林长制改革示范区，为全国提供可复制、可借鉴的经验。同年安徽省林长制改革入选中央深改办"十大改革案例"，从地方到中央，再从中央推广全国，林长制得到越来越多的认可和支持。2020年1月，《安庆市实施林长制条例》(以下简称《条例》)施行。《条例》是全国首部林长制地方性法规，《条例》的颁布实施，有助于健全和完善林长制工作机制，将行之有效的政策、制度和有益经验上升到法治的高度，实现从"有章可循"到"有法可依"的转变。

2017年3月~2020年11月期间，安徽、江西、贵州、山东等7个省（自治区、直辖市）在全域推行林长制改革试点，探索宝贵经验，逐步显现改革成效。广西、广东、福建、浙江等16个省（自治区、直辖市）出台相关文件，在部分地县开展试点。其余省（自治区、直辖市）都在调研和起草相关文件阶段。围绕保护发展林草等资源核心，建立了从上到下、由党政主要领导担任（总）林长的组织体系，构建了保障林长制持续规范运行的制度体系，各地林长制改革互相借鉴学习、逐步全面推开。

第三阶段：全面推行阶段（2020年11月至今）。该阶段全国各省通过借鉴先进改革经验，按照《关于全面推行林长制的意见》（以下简称《意见》）明确工作机构、确定目标任务，全国各省市出台实施方案、考核办法等相关文件，全面建立林长制责任体系。2020年11月2日，习近平总书记主持召开中央全面深化改革委员会第十六次会议，审议通过了《意见》，按照其要求，地方各级党委和政府要切实加强组织领导和统筹谋划，明确责任分工，细化工作安排，狠抓责任落实。这标志着林长制改革从局部试点走向了全国推行，正式成为了党和国家的一项重大决策。2021年3月，国家林业和草原局制定贯彻落实《关于全面推行林长制的意见》实施方案，为扎实有效地推动工作开展，国家林业和草原局成立了林长制工作领导小组及办公室，指导全国林长制的实施、督查和考核等工作。2021年5月，安徽省为贯彻落实党中央、国家林业和草原局文件精神，保障和促进林长制实施，审议通过了《安徽省林长制条例》，这是我国首部省级林长制法规。该条例明确了各级政府、有关部门和各级林长制办事机构的职责，对违法行为设定了相应的法律责任。截至2021年底，全国有31个省份全面实行林长制，形成一级抓一级、层层抓落实工作格局。各地围绕林长制改革目标，积极筹建林长制专职机构，创新改革举措，不断提升林长制改革的综合效能。

2022年2月，国家林业和草原局印发《林长制督查考核办法（试行）》和《林长制督查考核工作方案（试行）》，明确了林长制督查考核的主要内容及考核方式。2022年3月，国家林业和草原局、财政部印发《林长制激励措施实施办法(试行)》，对全面推行林长制工作成效明显的地方予以表扬激励，充分调动和激发各地保护发展林草资源的积极性、主动性和创造性，构建森林草原保护发展长效机制，进一步增强全面推行林长制工作成效，推动林草事业高质量发展。

第二节
林长制内涵解读

一、林长制概念解读

根据国家林业和草原局对《关于全面推行林长制的意见》解读，林长制是以保护发展森林等生态资源为目标，以压实地方党委政府领导干部责任为核心，以制度体系建设为保障，以监督考核为手段，构建由地方党委政府主要领导担任总林长，省、市、县（区）、乡镇（街道）、村（社区）分级设立林（草）长，聚焦森林草原资源保护发展重点难点工作，实现党委领导、党政同责、属地负责、部门协同、全域覆盖、源头治理的长效责任体系。

根据概念，可从保护、治理、管理、责任四方面解读林长制。从保护的角度来看，林长制以严格保护管理森林、草原、湿地、荒漠、野生动植物等资源，加强生态保护修复、保护生物多样性、增强森林和草原等生态系统稳定性为目标，严守生态保护红线，严格遵守《中华人民共和国森林法》《中华人民共和国草原法》《中华人民共和国湿地保护法》等法律法规，建立健全森林草原资源保护制度。从治理角度来看，林长制通过林长会议、部门协作、信息公开、工作督查等制度和机制的建立，实现"林长治"的目标，从而推进林业治理体系和治理能力现代化。从管理的角度看，林长制实施网格化源头管理，将区域内林草资源划定网格，明确管护责任，做到全域覆盖。通过构建各级林长目标责任与属地管理的空间对应关系，将资源保护的目标任务分级分层落实在每一网格上，形成纵向到底、横向到边、分工明确、协调一致的林长制网格化管理体系。从责任的角度来看，林长制以"党政领导负责制"为核心，坚持党政同责，部门联动，强化责任担当，层层压实责任，落实发展目标。

二、林长制核心内涵

推行林长制改革，要以习近平生态文明建设重要思想为根本，以创新林业管理体制和工作机制为重点，以各级党政干部勇于改革、敢于担当为关键。概括地说，林长制的核心内涵是以"林"为主题、以"长"为关键、以"制"为落脚点。

（一）"林"为主题

林长制以"山水林田湖草生命共同体"为基本理念，以"林"为主题，因地制宜做好林与山、林与水、林与田、林与湖、林与草的统筹文章，不断赋予林业生态建设新的内涵。大力推进林业生态工程建设，筑牢绿色生态屏障。结合乡村振兴战略，实施乡村绿化美化工程，打造生态宜居的美丽乡村。加强森林资源监督管理，维护林业生态安全。在实现森林草原资源保护与发展目标的同时，要突出生态惠民、坚持改革利民、发展产业富民，全力释放"生态红利"，实现生态美、产业兴、百姓富的多赢目标。

（二）"长"为关键

林长制建立了从上到下、由党政主要领导担任（总）林长的组织体系，明确了各级林长的工作职责和主要任务，通过抓住"关键少数"形成"头雁效应"。

各省（自治区、直辖市）设立总林长，由党委、政府主要负责同志担任。统筹考虑省域内的林草资源特点和生态系统的完整性，特别是重点生态区域和生态脆弱地区的特殊性，划片分区，设立副总林长，由省级负责同志担任。各省（自治区、直辖市）可分级设立市、县、乡等各级林长、草长或林（草）长。村级基层组织根据实际情况，可设立村级林长。具体名称和分级，各省可根据本辖区林草资源的具体情况确定。各省总林长对本省林草资源保护发展负总责，各级林长对责任区域的林草资源保护发展负责。

（三）"制"为落脚点

林长制以"生态环境保护必须依靠制度、依靠法治"为基本理念，以"制"为落脚点，破解跨部门协作体系不健全、林业部门"小马拉大车"的深层次体制机制问题。建立健全林长会议制度、信息公开制度、部门协作制度、工作督察等各项制度，实行森林资源总量和增量相结合的考核评价制度，林长制督导考核纳入林业和草原综合督查检查考核范围，县级及以上林长负责组织对下一级林长的考核。考核结果作为地方有关党政领导干部综合考核评价和自然资源资产离任审计的重要依据。落实党政领导干部生态环境损害责任终身追究制，对造成森林草原资源严重破坏的，严格按照有关规定追究责任。明确总林长负总责、林长分级负责、林长办负责日常工作的运行机制，党委政府牵头主抓、林业部门统筹推进、成员单位分工协作、全社会广泛参与的工作机制，凝聚各方形成合力，破除影响林草发展的体制机制障碍。

三、推行林长制的目的

在林业改革发展的过程中，表现出"理念淡化、职责虚化、权能碎化、举措泛化、功能弱化"等问题，迫切需要以制度创新来推进林草资源的保护与发展，以林长制改革推进生态文明建设，解决林业草原发展改革过程中存在的问题。

全面推行林长制，可以构建中国林草事业大保护大发展的良好格局，尤其是解决了林业机构改革后面临的机制体制、人员队伍等问题。通过实施林长制，将林业部门的"独角戏"转变为多部门的"大合唱"，将保护发展森林资源的目标责任由虚转实，从根本上解决了全面保护发展森林资源的动力问题。

一是强化部门联动，解决权能碎化问题。通过构建林长会议成员单位制度，使各成员单位立足自身职责，发挥部门优势，在项目支持、资金投入、宣传引导、督察考核等方面形成合力，形成党政同责、部门联动的工作格局，变过去林业部门"一对多"为现在林业工作"多对一"。形成林草资源管护党政同抓，合力共管，上下一致，多部门协同的良好局面。

二是压实工作责任，解决职责虚化问题。林长制首先是责任制，尤其是党政一把手责任制。林长制通过及时调度、督察和考核，进一步压实各级林长的工作责任，工作力度进一步加大，林业改革进一步深化，解决一些长期想解决而没有解决的难题。林长制坚持党政同责、高位推动，从根本上解决全面落实保护发展林草资源目标责任制的动力问题。坚持领导担纲、责任到人，真正解决了责任落实问题。林长制立足实际，将森林资源区细致划分为几大生态功能区，设立总林长、副总林长分区负责，每个区域确定具体的单位协助副总林长开展工作。乡镇、村按行政区划设立林长，并将护林员纳入林长制体系管理，组建"林长+护林员"的网格化治理体系。同时，制定有关林长制工作督察、信息共享等制度，将林长制改革纳入年度目标考核，真正做到"山有人护、事有人做、责有人担"。

三是推进依法治林，解决林业现代化治理问题。《中华人民共和国森林法》中明确规定地方人民政府可以根据本行政区域森林资源保护发展的需要，建立林长制。通过林长制立法，明确林长制的适用范围和基本原则，规定实施林长制的主要任务，规范省、市、县（区）、乡镇（街道）、村（社区）各级林长的设立及其保护和管理林草资源的职责，明确各级政府、有关部门和各级林长制办事机构的职责，给违法行为设定相应的法律责任。全面提升林业治理能力，确保把林业治理体系的优势转化为国家治理林业的效能，切实提高生态林业、民生林业发展水平。

四是提升林业效益，解决功能弱化问题。林业作为基础性产业，投入大、周期长、回报慢，为突破这些制约瓶颈，需制定系列政策措施，全力激发林业发展活力。通过各级林长牵头，系统谋划本地区林业发展总目标和总任务，统筹山水林田湖草综合治理、林业发展与乡村振兴、改善民生、污染防治等各项工作，使林业生态效益、经济效益、社会效益更加彰显。

四、推行林长制的意义

（一）推进生态文明建设的重大制度创新

林业是生态文明建设的主力军，承担着保护森林、草原、湿地、荒漠、野生动植物资源，维护生态系统稳定和生物多样性，保护和修复生态的重要职责，是生态文明建设的关键领域，是建设美丽中国的核心元素。推行"林长制"是贯彻落实习近平生态文明思想的重大实践，是继河长制、湖长制全面实施后，建设生态文明领域的又一改革创新。林长制通过建立林长会议、信息公开、督察考核等一系列制度，构建起依法依规、科学高效、久久为功的林草资源保护发展长效机制，彰显出强大的制度优势，释放出良好的治理效能。将有效解决林草资源保护的内生动力问题、长远发展问题、统筹协调问题，更好地推动生态文明和美丽中国建设。

（二）提高林草治理体系和治理能力的重要抓手

党的十九届四中全会通过的中共中央办公厅《关于坚持和完善中国特色社会主义制度、推进国家治理体系和治理能力现代化若干重大问题的决定》要求要加快实现林草治理体系和治理能力现代化，不断完善林业草原保护政策机制和林草信息化建设。通过林长制的实施，构建完善的林草管护机制，充分利用现代信息技术手段，加强林草资源监测能力建设。严格实行生态保护红线监管制度，构建国土空间开发保护新格局，筑牢自然生态安全根基。充分调动各部门的积极性，深度参与林草建设的各项工作，形成齐抓共管、全员参与的现代化林草治理体系新格局。

（三）促进林草事业高质量发展的战略机遇

新的发展时期为满足人民群众对优质生态产品的需求，对林草事业高质量发展提出了新的要求。林长制的改革成效获得党中央、国务院的充分肯定，在我国开启全面建设社会主义现代化国家新征程的重要时期，党中央、国务院做出全面推行林长制的战略决策，以促进林草事业高质量发展。林长制通过强化党政领导主体责任，分解压实目标任务，建立考核问责机制，实现上有整体谋划、下有责任到人的良好局面，以"林长制"促进"林长治"，有效解决制约林草事业发展的重大问题、历史难题。

大兴安岭图强林业局火烧迹地兴安落叶松幼林（贾黎明摄）

建设规划研究
中国林长制

林长制主要任务及实施步骤

第二章

第一节
总体要求与工作原则

一、总体要求

以习近平新时代中国特色社会主义思想为指导，全面贯彻党的十九大和十九届历次全会精神，认真践行习近平生态文明思想，坚定贯彻新发展理念，根据党中央、国务院决策部署，按照山水林田湖草系统治理要求，在全国全面推行林长制，明确地方党政领导干部保护发展森林草原资源目标责任，构建党政同责、属地负责、部门协同、源头治理、全域覆盖的长效机制，加快推进生态文明和美丽中国建设。

二、工作原则

（一）坚持生态优先、保护为主

全面落实森林法、草原法等法律法规，建立健全最严格的森林草原资源保护制度，把保护森林、草原、湿地作为生态系统保护的首要任务，加强生态保护修复，保护生物多样性，增强森林和草原等生态系统稳定性，实现森林生态、社会、经济效益最大化。

（二）坚持绿色发展、生态惠民

牢固树立和践行绿水青山就是金山银山理念，积极推进生态产业化和产业生态化，不断满足人民群众对优美生态环境、优良生态产品、优质生态服务的需求。

（三）坚持问题导向、因地制宜

针对不同区域森林和草原等生态系统保护管理的突出问题，坚持分类施策、科学管理、综合治理，宜林则林、宜草则草、宜

广西七坡林场桉树用材林（贾黎明摄）

荒则荒，全面提升森林草原资源的生态、经济、社会功能。

（四）坚持党委领导、部门联动

加强党委领导，建立健全以党政领导负责制为核心的责任体系，明确各级林（草）长的森林草原资源保护发展职责，强化工作措施，统筹各方力量，形成一级抓一级、层层抓落实的工作格局。

第二节
林长制主要任务

综合考虑区域、资源特点和自然生态系统完整性，科学确定林长责任区域。各级林长组织领导责任区域森林草原资源保护发展工作，落实保护发展森林草原资源目标责任制，将森林覆盖率、森林蓄积量、草原综合植被盖度、沙化土地治理面积等作为重要指标，因地制宜确定目标任务；组织制定森林草原资源保护发展规划计划，强化统筹治理，推动制度建设，完善责任机制；组织协调解决责任区域的重点难点问题，依法全面保护森林草原资源，推动生态保护修复，组织落实森林草原防灭火、重大有害生物防治责任和措施，强化森林草原行业行政执法。

一、森林草原资源生态保护

（一）森林草原资源保护管理

通过建立林长制，严格森林草原资源保护管理，提升森林资源质量，实现森林资源总量增长、森林质量提高、生态环境优美、生态功能完善、林业产业发达、林业生态产品供给能力全面增强的目标，朝着实现林业现代化的方向努力。

同时通过各级林长的逐级管控，严守生态保护红线，严格控制林地、草地转为建设用地，加强重点生态功能区和生态环境敏感脆弱区域的森林草原资源保护，禁止毁林毁草开垦。全面落实国土空间规划和国土空间用途管控制度，严格落实林地、绿地、湿地等保护发展规划，实行生态保护红线、生态控制线和城市绿线分级分类管控。

例2-1：贵州省林长制改革以责任区域为依托，抓好森林资源保护管理

贵州省林长制改革坚持保护优先，注重科学利用。把保护森林、草原、湿地作为生态系统保护的首要任务，措施落实到地块，责任明确到人。创建责任体系，推动全民参与。建立健全森林资源保护管理的长效机制，强化协调、整合力量，区域协作、条块结合，增强科技支撑和能力保障。建立了省、市、县、乡四级林长联席会议制度，负责研究解决森林保护发展中的重大问题，制定林业改革发展重大决策，搭建起部门联动平台，明确定期开展五级林长植树活动、各级林长"巡山护林"活动、设立林长制公示牌等新机制。2020年，贵州省持续抓好森林保护"六个严禁""绿盾"、自然保护地执法专项行动等突出问题整改。

贵州省森林资源保护管理（贵州省林业局提供）

（二）公益林管护

通过建立林长制，加强公益林管护，逐步提高公益林补偿标准，增强公益林补偿力度，探索建立跨区域的森林生态补偿机制，完善市场化、多元化森林生态补偿。落实和明确各级林长对于公益林的管理责任，划分具体的任务，明确相应的责任后果，保证公益林建设适应林业改革发展的需求。

政府应承担按时发放公益林生态补助资金和提供监督监管的责任，对监管工作履行不到位的政府工作人员应采取一定的惩戒措施，规范政府工作者的行为。公益林管护人员在享有政府提供态补偿资金的同时也需要履行自己的职责，对所分管的公益林履行管护责任，与政府签订的合同中可明确对管护人员责任的追究。对生态区位特别重要的非国有公益林和其他林木，尝试采用政府租赁、赎买等方式，委托经营管护。

2018年，新县在河南省率先探索实施林长制改革。全面建立县、乡、村三级林长制组织体系，由县委书记和县长担任县级总林长，县委副书记、常务副县长、主管副县长任副总林长，明确了5名县级林长。利用国家深化林权制度改革的机遇，出台了《新县公益林护林员管理办法》，强化对护林员的培训，加强对护林员的管理，实现了森林资源管理的网格化。2019年，全县共选聘护林员912名，其中公益林护林员286名、建档立卡贫困户生态护林员582名、天然林护林员44名。900余名护林员常年巡护在山，奔波在林，成为森林防灭火、林政资源管理、森林病虫害防治等林业工作的基础力量。

（三）天然林保护

通过建立林长制，统筹推进天然林保护，加快完善天然林保护修复制度体系，确保天然林面积逐步增加、质量持续提高、功能稳步提升。依据国土空间规划划定的生态保护红线以及生态区位重要性、自然恢复能力、生态脆弱性、物种珍稀性等指标，确定天然林保护重点区域，分区施策，采取封禁管理，自然恢复为主、人工促进为辅或其他复合生态修复措施。全面落实天然林保护责任，加强天然林管护能力建设，提高管护效率和应急处理能力。加强林业生态红线管控，严格林地用途管制，全面停止天然林商业性采伐，建立天然林用途管制制度。

按照"林长制"关于森林资源源头管理的要求，切实加强了森林资源的保护，全县共划定公益林67.77万亩、天然林23.4万亩，森林保护率达到62.72%。落实生态补偿资金2126.5万元，既保护绿水青山，又促进农民增收。

（四）草原生态保护

通过建立林长制，进一步加强草原资源保护、管理和修复，创新草原资源保护管理制度，构建完善草原资源监管执法体系，落实草原禁牧休牧和草畜平衡制度，完善草原生态保护补助奖励政策。在落实各级林（草）长责任的基础上，实施草原管护网格化源头管理，整合优化管护队伍，强化责任落实，着力构建草原调查监测评价、草原保护、草原生态修复、草原执法监管、草产业发展、草原文化等六大体系。

（五）森林草原督查

通过建立林长制，强化森林草原督查，严厉打击如乱砍滥伐林木、乱捕滥猎野生动物、乱采滥挖野生植物、乱占滥用林地、湿地和自然保护地等破坏森林草原资源的违法犯罪行为。同时，完善生态监测网络体系，不断提升资源监管信息化水平，提高预警预判、有效发现和快速查处能力。健全森林督查制度，完善森林督查体系，严格落实各项法律法规，并加大案件执法力度，严肃查处破坏自然资源的违法行为。

（六）构建以国家公园为主体的自然保护地体系

通过建立林长制，推进构建以国家公园为主体的自然保护地体系，加强自然保护地统一监管。实行统一规划设置、分区管控、分级管理，突出自然保护地生态系统原真性、整体性保护。创新运行机制，完善政策支持，健全法治保障，强化监督管理，建立分类科学、布局合理、保护有力、管理有效的自然保护体系。

（七）野生动植物及其栖息地保护

遵守《中华人民共和国野生动物保护法》等相关法律，保护、拯救珍稀、濒危野生动植物及其栖息地保护，保护、发展和合理利用野生动物资源，维护生态平衡，积极构建区域性生态廊道，促进珍稀、濒危物种种群数量恢复。加强生物多样性保护。坚持公众保护与专业保护、就地保护与迁地保护、常规性保护与抢救性保护、人工繁育与科学利用相结合，重点保护珍稀濒危物种、种质资源、古树名木、天然林、公益林和重要湿地，有效保护自然生态系统、物种和基因多样性。

> **例2-4：安徽省压实林长野生动物保护管理主体责任**
>
> 安徽省委省政府高位加强野生动物保护，以省林长办名义，向各地市林长办下发了《关于加强野生动物保护管理工作的通知》，强调各地要建立和完善相应保护管理绩效考核考评指标体系，充分发挥考核考评机制在保护管理上的导向作用，进一步强化各相关职能部门职责意识，建立齐抓共管的野生动物保护长效机制。要按照"党政同责、一岗双责、齐抓共管、失职追责"的总体要求，压实各级林长野生动物保护管理责任，把野生动物保护管理工作摆上重要日程。市、县、乡、村四级林长按照林长职责要求，强化对责任区野生动物保护巡护，切实履行野生动物保护管理职责。各地护林员在护林巡护中，对发现的乱捕滥猎野生动物行为要及时上报并予以阻止。为确保野生动物保护管理工作的有效落地，安徽省委、政法委将野生动植物违法犯罪打击整治工作纳入2020年度平安建设（整治工作）绩效考评指标体系，省林业局也将相关工作纳入林长制实施情况考核指标体系，并与省政府对各市政府的目标管理绩效考核挂钩。

二、森林草原资源生态修复

（一）持续推进大规模国土绿化

通过建立林长制，推进城乡绿化融合发展，深入实施国土绿化提升行动，全面创建森林城市、森林城镇、森林乡村和园林城市（县城、城镇），大力建设城郊公园、郊野片林、环城绕村林带、城乡生态廊道，带动乡村绿化美化，实现城乡人居环境增绿共美。

    安徽省安庆市在全面落实林长制3年规划目标的基础上，出台《安庆市创建全国林长制改革示范区行动方案》，拓展规划内涵，制定任务清单，做实"五绿"任务。3年来，完成人工造林36.1万亩，其中长江安庆岸线生态补绿复绿1.2万亩。创建2个省级森林城市、20个森林城镇、151个森林村庄。

安庆人工造林（舒中胜摄）

安庆市潜山燕窝村（安庆市林业局提供）

（二）实施重要生态系统保护和修复重大工程

    通过建立林长制，深入实施重要生态系统保护和修复重大工程，科学编制并实施森林、湿地生态保护和发展规划；推进京津冀协同发展、长江经济带发展、粤港澳大湾区建设、长三角一体化发展、黄河流域生态保护和高质量发展、海南自由贸易港建设等重大战略涉及区域生态系统保护和修复，深入实施退耕还林还草、"三北防护林"体系建设、草原生态修复等重点工程。加强森林经营和退化林修复，提升森林质量。落实部门绿化责任，创新义务植树机制，提高全民义务植树尽责率。

例2-6：安徽省蚌埠市大洪山林场林长制改革示范区先行区典型经验

为了加强对大洪山林场林长制改革示范区工作的领导，蚌埠市、区政府分别成立林长制改革示范区工作领导小组，制定了《蚌埠市林长制改革示范区先行区实施方案》，落实林长制改革示范区工作负责制。蚌埠市、区两级政府把大洪山环境整治工作作为林长制改革的重要抓手，加大了对大洪山环境整治的力度，集中整治废弃矿山，全面进行植绿复绿。在环境整治及植绿复绿关键时期，市级林长每周督查一次，区级林长每天奋战在整治一线，坐镇指挥大洪山环境整治复绿工作，加强矿山巡查，植绿复绿。

大洪山生态修复后照片（蚌埠市自然资源局提供）

三、森林草原资源灾害防控

（一）有害生物灾害防治

通过建立林长制，进一步健全重大森林草原有害生物灾害防治地方政府负责制，将森林草原有害生物灾害纳入防灾减灾救灾体系，健全重大森林草原有害生物监管和联防联治机制，抓好松材线虫病、美国白蛾、草原鼠兔害等防治工作，加强森林草原有害生物灾害预测预警预防，严格控制有害生物成灾率。加强野生动物疫源疫病监测防控，维护生物多样性。

例2-7：安徽省在全国率先立法实行"林长制"，落实林业有害生物防控责任

安徽省十二届人大常委会第四十次会议通过了《安徽省林业有害生物防治条例》，在全国率先立法规定"森林资源保护实行林长制"。根据该条例，森林资源保护实行林长制，在林业有害生物防治工作中，林长应当落实林业有害生物防控责任，协调解决防治中的重大问题。发生暴发性、危险性林业有害生物灾害时，实行政府行政领导负责制，按照应急预案启动应急响应，建立临时指挥机构，组织专业除治队伍，协调解决经费、物资等问题。

（二）森林草原防灭火

通过建立林长制，进一步实行更严格的森林草原资源保护管理制度，加强林草防火体系建设。坚持森林草原防灭火一体化，建立林草防火热点监控平台，健全森林防灾减灾体系。严格落实森林草原防火属地管理责任，建立健全联防联控机制，严格管控野外用火。强化森林草原消防专业队伍建设，组建专业扑灭火队伍和护林员队伍，加强基础设施、物资储备建设，提升林草火灾防控能力。加大火灾案件查处力度，不断完善森林草原防火体系，提高防灭火能力水平，防止发生重特大森林草原火灾和重大人员伤亡事故。加强森林防火宣传教育，落实地方行政首长负责制，提升火灾综合防控能力。

📋 例2-8 河南省新乡市建立健全联防联控机制，落实林草防火属地管理责任

河南省新乡市严格落实森林草原防火属地管理责任，气象、应急、林业等各部门建立健全联防联控机制，严格管控野外用火，强化森林草原消防专业队伍建设，加大火灾案件查处力度，不断完善森林草原防火体系，提高防灭火能力水平，防止发生重特大森林草原火灾和重大人员伤亡事故。

新乡市森林防火（新乡市林业局提供）

四、森林草原领域改革

（一）加强森林资源资产管理

通过建立林长制，巩固扩大重点国有林区和国有林场改革成果，加强森林资源资产管理，推动林区林场可持续发展。进一步健全森林资源资产产权体系。适应森林资源多种属性以及国民经济和社会发展需求，与国土空间规划和用途管制相衔接，推动森林资源资产所有权与使用权分离。处理好森林资源资产所有权与使用权的关系，落实承包土地所有权、承包权、经营权三权分置，开展经营权入股、抵押。

明确森林自然资源资产产权主体；开展森林资源统一调查监测评价，建立统一权威的森林资源调查监测评价信息发布和共享机制；加快森林资源统一确权登记，建立健全登记信息管理基础平台，提升公共服务能力和水平。促进自然资源资产集约开发利用，统筹推进自然资源资产交易平台和服务体系建设，健全市场监测监管和调控机制，建立自然资源资产市场信用体系；推动自然生态空间系统修复和合理补偿；健全自然资源资产监管体系，完善自然资源资产督察执法体制，加强督察执法队伍建设，严肃查处自然资源资产产权领域重大违法案件；完善森林自然资源资产产权法律体系，全面落实公益诉讼和生态环境损害赔偿诉讼等法律制度，构建自然资源资产产权民事、行政、刑事案

件协同审判机制。适时公布严重侵害自然资源资产产权的典型案例。

（二）完善草原承包经营制度

通过建立林长制，加强组织领导，强化配合联动，完善草原承包经营制度，规范草原流转，推进草原承包经营权确权登记颁证工作；摸清资源本底，明确权属，完善草原资源数据基础建设；保障权益，理顺关系，进一步明确草原承包经营三权分置；健全服务，鼓励统筹，加快推进创新草原流转模式；严格监管，加强巡查，打击草原承包经营中各类违法行为；强化引导，加大宣传，增强社会和群众对草原承包经营工作认识。

（三）深化集体林权制度改革

通过建立林长制，深化集体林权制度改革，鼓励各地在所有权、承包权、经营权"三权分置"和完善产权权能方面积极探索。完善集体林权确权到户工作，权属由农户持有，确不易拆分的要将林权份额量化到户。引导农户依法采取转包、出租、互换、转让、入股等方式参与林权交易。推进林权管理服务体系建设，健全林地经营权、林木所有权和使用权的登记工作，规范森林资源资产评估，完善林权信息系统和交易服务，建立林权流转征信制度，保障林权流转顺畅有序，维护交易方合法权益。

📋 **例2-9：安徽省安庆市通过集体林权制度改革激发林业发展活力**

安徽省安庆市在推行林长制过程中，全面推行集体林地经营权流转证制度改革，出台林地经营权流转证和林木所有权证制度，新建"三权分置""三变"改革联系村87个，户均分红600元以上。建立覆盖全市的林权交易市场，累计流转集体林地171.73万亩，林地流转率21.59%，比改革前提高了3.79个百分点。加快林业"三产"融合示范点建设，重点围绕木本油料和特色经济林，着力打造区域主导产业，建成林业"三产"融合发展示范点10个。

世外桃源特色产业基地（安庆市林业局提供）

（四）大力发展绿色富民产业

大力发展绿色富民产业，推进林业产业化，实现森林资源永续利用。促进林业产业创新和企业创新，将生态保护、生态利用融入林业产业发展全过程，实现"三产"融合发展。推进森林认证，发展绿色生态产品。发挥市场配置资源的决定性作用，在适宜发展林业特色优势产业的区域，积极开展森林复合经营，以林草、林茶、林药、林菌、林蜂、林禽、林畜、森林产品采集等为主，发展周期短、见效快的绿色富民产业。依托优质森林资源，优化发展观光、休闲、养生、体育、探险、理疗等特色旅游产品，提高森林综合效益，实现森林等生态资源的良性可持续发展。通过林业"三产"融合发展助力乡村振兴，促进林农增收。

📋 **例2-10：安徽省安庆市通过林长制改革加快生态产业富民**

安徽省安庆市在推行林长制过程中，突出"用绿"，加快生态产业富民。2019年，安庆市林业生产总值为451.5亿元，与林长制改革前的2016年相比增长40.2%。建成木本油料、特色经济林等高效林业基地118.5万亩，发展林下经济184.6万亩。怀宁县发展蓝莓4.8万亩，规模在华东地区最大；宿松县发展油茶13万余亩；潜山市荣获"中国天然氧吧"创建地区称号。引导"公司+合作社+基地+农户"的发展模式，新增新型经营主体124家。林业基地及产业发展带动42.6万户林农受益，户均年增收3000元以上，巩固脱贫攻坚，助力乡村振兴。170家企业被认定为省级林业龙头企业，总数全省第一。98家企业被认定为第四批市级林业龙头企业。安庆市当年林业总产值达到450亿元，岳西、太湖、潜山等3个重点山区县林农收入增幅达到10%。全市森林旅游康养收入近83亿元，增长超过30%，森林旅游康养人数达1856万人。

安庆市万亩油茶基地（安庆市林业局提供）

📋 **例2-11：重庆市渝北区林长制通过"1+3+N"方案，实现生态增值**

为构建完善的林长制组织架构和管理体系，重庆市渝北区建立了"1+3+N"工作管控机制，将工作进行细化，一一落实到人，权责分明，实现"山林有人管、事有人做、责有人担"。"1"指区级林长制总方案；"3"即结合中梁山、铜锣山、明月山实际情况分别制定子方案，明确重点整治、保护修复等任务；"N"包括国土绿化提升、"双十万工程"、违法建筑综合整治、山水林田湖草生态保护修复工程等在内的多个专项工作方案。根据"1+3+N"方案，渝北充分利用"四山"自然文化、历史文化资源调查成果，挖掘打造一批"四山"精品旅游景区线路。在农林产业融合上做文章，结合"双十万工程"，在"四山"范围内引导发展柑橘、梨子、桃子、花椒、中药材等特色经果林，促进农业产业结构持续优化，实现农民增收、产业增效、生态增值。

📋 **例2-12：贵州省大力发展林下经济**

贵州省印发了《关于全面实行林长制的意见》，提出以"森林扩面、林分提质、林业增效、林农增收"为总目标，以"护林、造林、用林、活林"为重点任务，构建林业发展新格局和森林管护新机制。在林长制改革过程中，大力发展林下经济，开展森林复合经营。2020年全省林下经济适用林地面积146.86万公顷，产值400亿元，同比增长21.2%。发展林下经济的企业、专业合作社等实施实体达1.7万个，带动285万农村人口增收。林下种植使用林地面积21.2万公顷，其中食用菌0.84万公顷、中药材6.72万公顷、其他13.61万公顷；林下养殖使用林地面积22.38万公顷，养殖林下鸡2560万羽、蜂61.9万箱、家畜64.9万头；林产品采集加工面积46.44万公顷，其中野生菌7533吨、松脂5907吨、竹笋25万吨；森林景观利用面积56.83万公顷。2020年，生态旅游、森林康养（含休闲服务）实现旅游综合产值约1875亿元。

贵州省级出口火龙果示范区（贵州省林业局提供）

五、森林草原资源监测监管

（一）"一张图""一套数"动态监测体系

通过建立林长制，充分利用现代信息技术手段，加强监测能力建设，不断完善森林草原资源"一张图""一套数"动态监测体系，提高监测时效性和数据准确性。做好森林督查、森林资源年度清查和森林草原资源管理"一张图"年度更新等工作，提高森林草原资源监督管理水平。

（二）实时监控网络

通过建立林长制，进一步支持科学技术研究和新技术推广应用，逐步建立重点区域实时监控网络，及时掌握资源动态变化，提高预警预报和查处问题的能力。开展跨区域联防巡护，运用无人机、视频监控、卫星监测等现代化手段，提升森林、湿地等生态资源保护管理的信息化、智能化、精细化水平，实现林业资源安全巡护全覆盖。

📋 **例2-13：安徽省安庆市建立"林长+林业智慧平台"**

"林长+林业智慧平台"是安庆市林长制规划体系的重要组成部分，"平台+移动端"的林长制智慧平台，是基于森林资源管理"一张图"的基础，利用大数据、云计算、互联网等新技术开发建成，实现林长制数据采集、运用和管理的信息化、智能化，架起了各级林长之间，林长与技术员、警员、护林员之间的信息通道，提供了在线分析、智能查询、精准统计服务，已成为推动全市林长制改革的工作平台、强化林长制管理的调度平台、实施林长制考核的智慧平台。

安庆市林长制平台功能展示（安庆市林业局提供）

例2-14：江西省抚州市建立"一长两员"网格化、森林资源监管全天候、"天地空"一体化的监管体系

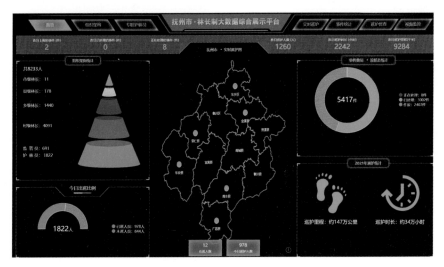

抚州市林长制大数据平台（抚州市林业局提供）

2019年，抚州市多方筹措资金2000多万元，建立了市、县林长制监管平台。2020年，市财政又投入430万元对智慧平台进行了完善，实现了林长制智慧平台全市域覆盖。专职护林员手机均安装巡护系统APP，林长和监管员随时查看护林员巡山轨迹和发现问题事件，监管员及时对事件进行初步处理，通过平台报告同级林长，最后报县林长办公室结案。市林长办结合市级管理平台实时数据，随时掌握"一长两员"履职情况，采取日监管、周通报、月考核的管理模式，实现了森林监管全天候、林长制责任动态管理一张图，做到了一图监督人员、一图管理资源，实现了林长制网格化管理目标。2020年以来，全市林长制专职护林员巡护时长达55.16万小时，巡护里程203.55万千米，巡护率达99.1%，处理各类上报事件2874件，有效地保护了全市的森林资源。

六、基层基础建设

（一）林业基础设施建设

通过建立林长制，进一步建设完善的森林防火与林业有害生物防控体系；通过实施林区和国有林场内林区道路、国有林场管护用房建设，进一步改变林区基础设施建设滞后、道路建设不足、管护用房简陋的状况，切实改善林区交通条件、生产设施，推进林区、林场的建设，提高生产效率。

（二）乡镇林业（草原）工作站能力建设

通过建立林长制，充分发挥生态护林员等管护人员作用，实现网格化管理。进一步加强乡镇林业（草原）工作站能力建设，逐地逐片落实管理主体，确保林地、湿地和古树名木都有林长或具体管护人员负责管理。推广实行"民间林长"等有效做法，建立奖励等有效激励机制，促进形成有效社会监督体系。

（三）人员的培训和日常管理

通过建立林长制，进一步加强队伍建设，充分发挥生态护林员等管护人员作用，全面提升队伍的凝聚力、执行力、战斗力。强化对生态护林员等管护人员的培训，注重对相关林木管护、防灾减灾等知识的学习，提升管护人员专业素质，增强管护人员对自身工作的责任意识，提高管护水平。

加强专业人才，特别是高学历、专业对口的高精尖人才的引进。鼓励广大

抚州市开展生态护林员培训并进行颁奖
（江西省抚州市林业局提供）

林业系统干部提升自我业务素质，通过在职教育、在线学习等方式，全面提高干事创业本领。加强与农林高等院校沟通交流与合作，定期邀请高校专业老师对林业系统干部职工进行业务培训，定期选派优秀工作人员到高校进行阶段性专业培养。

（四）市场化、多元化资金投入机制

通过建立林长制，进一步完善市场化、多元化资金投入机制，拓展林业投融资渠道。深化"政银担"合作，引导金融机构与林业经营主体对接，用好国家财政贴息、保费补贴等政策。支持林业经营主体以林地经营权、林木所有权、大型机具等生产设施和专利、商标等知识产权以及林权抵押贷款。多层次搭建林业融资平台，探索运用企业债券、投资基金、森林资源资产证券化产品等新型融资工具，筹措林业发展资金。

📋 **例2-15：安徽省安庆市创建"林长＋绿色金融融资"模式**

安徽省安庆市首创"林长+绿色金融融资"模式，与国家农业发展银行深度合作，推出林长制项目贷款试点，目前已获批中长期贷款19.56亿元，与林业生产周期相适应。设立林业贷款风险补偿基金8500万元，发挥政策性担保公司增信功能，解决林权贷款抵押难的问题。林权抵押贷款累计32.46亿元，贷款余额16.09亿元。在政策性森林保险全覆盖的基础上，完成特色经济林叠加保险7.48万亩。通过整合涉农资金，搭建平台规范抵押担保，实行"平台融资、政府建设、对外承包、分月还贷、企业回购"模式，引导金融和社会资本投入。

（五）完善财政扶持政策

通过建立林长制，进一步完善森林草原资源生态保护修复财政扶持政策，优化林业营商环境。深化放管服改革，推进"互联网＋政务服务"，实行林业行政审批事项一网通办。完善林业良种、科技、土地、基础设施和公共服务等要素供给，引导社会资本投入造林绿化、生态修复、林业资源培育和开发，发展资源节约和环境友好型产业。

第三节
林长制实施步骤

为贯彻落实《关于全面推行林长制的意见》，确保林长制各项目标任务落地生根、取得实效，国家林业和草原局于2021年3月19日印发了《"关于全面推行林长制的意见"实施方案》，该方案要求要健全林长制责任体系，确定林长制目标任务。分级设立林长、明确工作机构、强化责任落地，为各地全面推行林长制工作提供参考。

根据目前林长制改革工作取得的经验和成效，林长制实施步骤主要包括明确林长组织体系、确定林长相关制度、出台林长制改革意见、推深做实林长制改革。

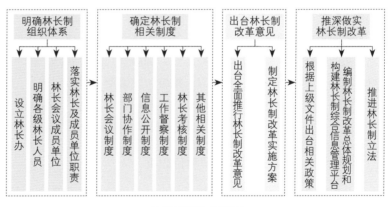

林长制实施步骤图

一、明确林长组织体系

（一）设立林长制办公室

省、市、县（区）设立林长制办公室（以下简称林长办）。省级林长办设立在省林（草）主管部门。市、县（区）林长办设立在各级林（草）主管部门。各级林长办承担林长会议、培训等实施林长制的日常工作，负责制定推进林长制规划、计划，组织开展林长制工作调研、监督、检查、考核、奖励等工作。

（二）明确各级林长人员

各省（自治区、直辖市）设立总林长，由党委、政府主要负责同志担任。可分级设立市、县、乡等各级林长，村级基层组织根据实际情况，可设立村级林长。林长确立后需设立林长公示牌，公示牌正面公开内容应包括林长姓名、职务、电话、林长职责、监督电话、二维码信息、林长责任范围示意图。

六安市市级林长公示牌（安徽省六安市林业局提供）

（三）确定林长会议成员单位

林长制强化部门联动，地方政府要以林草局为主体加强各部门之间的沟通，密切配合，共同推进林草资源管理保护工作，加强部门联合执法，加大对涉林草违法行为打击力度。充分发挥组织部、宣传部、编办、发改委、财政、审计、统计、国土、环保、农业、交通、水利、住建、教育等部门优势，协调联动，各司其职，并及时向林长办报送履行职责及督办事项完成情况，加强对林长制实施的业务指导和技术指导。

（四）确定林长及会议成员单位职责

从省级层面出发，明确各林长会议成员单位职责。各市、县结合本地实际，对照上级林长会议成员单位职责设立本级林长会议成员单位职责，按照职责分工，各负其责，协同推进本级林长及林长会议成员单位各项工作职责。

二、建立林长制相关制度

根据《关于全面推行林长制的意见》建立健全林长会议、部门协作、信息公开、工作督查等各项制度。省级总林长每年主持召开会议不少于1次，切实贯彻党中央、国务院有关决策部署，研究解决责任区域林草资源保护发展的重点难点问题，明确保护发展的目标任务、年度计划、工作重点、实施保障等；组织开展全面督查工作，每年不少于

1次，根据需要适时组织专项督查。鼓励各地因地制宜，创新工作机制。

建立林长制考核评价制度，从2022年起，国家林业和草原局根据不同区域林草资源禀赋和功能特点，按照目标任务对各省总林长按年度和任期实行量化考核。考核结果报党中央、国务院，以适当方式进行通报，同时报中央组织部，作为地方有关党政领导干部综合考核评价的重要依据。各省要按照分级负责的要求，由上级林长对下级林长实施考核。

各地可结合本地实际出台其他林长制制度，包括重大问题报告制度、定期巡林制度、提醒清单制度、激励问责制度等。

三、出台林长制改革意见和实施方案

省级层面出台全面推行林长制改革的意见，指导督促所辖市、县（区）出台工作方案。各市根据省级意见明确林长制工作机构、林长成员单位、各级林长人员、相关职责和制度，在林长制组织体系建立后出台本市的全面推行林长制改革意见，明确林长制改革的总体要求、工作原则、主要任务和保障措施。意见出台后，出台全面推行林长制工作实施方案，细化工作目标、确定主要任务、组织形式、监督考核、保障措施，明确林长制时间表、路线图和阶段性目标。

四、推深做实林长制改革

（一）根据上级文件要求出台相关政策

根据上级文件精神要求，出台本级林长制改的政策文件。例如：2018年5月，安徽省委办公厅、省政府办公厅出台《关于推深做实林长制改革优化林业发展环境的意见》，制定优化林业发展环境的22项支持政策，进一步强化要素支撑。2019年10月，出台《安徽省创建全国林长制改革示范区实施方案》。在省级文件下发后，安徽省六安市制定《推深做实林长制改革全面建立"护绿""管绿"责任体系实施方案》《加快森林旅游康养业发展推深做实林长制改革的意见》等政策支撑文件，为林长制实施提供政策保障。安徽省安庆市围绕"促发展、补短板、活机制、解难题、聚合力"，出台《安庆市推深做实林长制改革促进林业经济高质量发展的若干政策（暂行）》等"1+N"政策体系，统筹党委政府部门力量，形成工作合力，推进林长制做深做实。

（二）编制林长制改革规划，构建林长制综合信息管理平台

为全面推深做实林长制改革，需以规划为引领，科学编制林长制改革总体规划，对林长制进行总体架构统筹协调，全面分析林长制改革存在的问题与成效，确定林长制改革发展思路，完善林长制组织体系、运行机制、相关制度的设立，明确各级林长、林长会议成员单位职责，细化各级林长主要目标、建设任务，并对其中包含的主要制度环节进行深入、细致的整体研究与规划。制定林长制制度体系构建的时间表和实施路线图，自上而下、层层落实和推进。

在规划过程中，针对不同级别的林长制在规划时要有侧重点。省级林长制规划侧重

于管理机制体制建设、督查体系建设、考核指标设立等方面；市级林长制规划侧重于重点任务规划、智慧化管理模式、对下级林长的管理办法等；县级以下的林长制规划侧重于网格化管理人员、护林巡查制度建立。

搭建林长制综合信息管理平台，在全国林草资源管理"一张图"的基础上，建成直观可视、互联共享、上下协同、安全可靠的综合服务系统，实现林长制管理的智能化、精准化、高效化。依托"互联网+"资源监管、林业有害生物监测预警、古树名木管理、森林防火、自然保护地管理、造林模块、林长制考核等，推动林业治理由传统化向数字、智慧化变革与创新，促进林业资源管理、生态系统构建、绿色产业发展等协同化推进，实现生态、经济、社会综合效益最大化。

例2-16：安徽省六安市以规划引领，推深做实林长制改革

安徽省六安市委、市政府高度重视林长制改革工作，围绕省委部署的"护绿、增绿、管绿、用绿、活绿"任务，立足资源特色，坚持问题导向，以"聚焦改革抓保护，突出生态兴产业"为总思路，全面推进林长制改革。2019年4月，为谋划林长制顶层设计，以规划引领改革任务落地落细落图，细化压实各级林长责任，部署落实林业建设发展任务，量化考核林长制实施成效，创建全国林长制改革示范区，启动编制《六安市林长制改革总体规划（2019—2025年）》（以下简称《总规》）。《总规》围绕"五绿"建设任务，通过构建了四级林长制组织体系，形成林长制管理责任链，实现林长制建设目标全面落实，打造生态文明建设的安徽样板，对六安市推动林业高质量发展和发挥生态文明建设示范引领作用具有重要意义。

六安市林长制改革总体规划项目评审（龚容摄）

（三）推进林长制立法

实现全面推行林长制改革目标，必须通过立法系统规定林长制的组织机构、权责体系、监督考核、法律责任等基础制度，为林长制的全面实施筑牢法治根基、夯实制度基础。明确规定林长制中的多元主体在未履行法定义务时应当承担的法律责任，以保障林

长制的强制性和约束力。通过立法统一规定林长制的适用范围，对《关于全面推行林长制的意见》确定的"区域、资源特点和自然生态系统完整性"考量因素进行具体化规定，并做好与相关法律规定的自然资源管理体制的协调、衔接工作，避免在管理对象上出现交叉、重叠与缺位。体系化规定林长制的管理体制，明确省、市、县（区）、乡镇（街道）、村（社区）五级林长的设置标准、事权配置及职责任务。

📋 **例2-17：安徽省安庆市探索"林长+地方性立法"**

安徽省安庆市在全国率先开展林长制地方性立法，推动林长制进入法治化轨道，林长制改革工作从"有章可循"变成了"有法可依"。《安庆市实施林长制条例》（以下简称《条例》）立法工作自2018年初开始启动，期间多次座谈调研征求各方意见，2019年10月25日经市人大常委会表决通过，11月29日经省十三届人大常委会第十三次会议批准。《条例》贯彻"绿水青山就是金山银山"理念，核心是深化森林（湿地）资源保护利用责任制，明确了各级林长保护和发展森林（湿地）和绿地资源的主体责任，明确了林长、护林员等相关责任人、部门乃至经营主体的权责边界，并对实施林长制的组织、保障、监督、考核、奖惩与法律责任等做出具体规定。《条例》自2020年1月1日起实施，属全国首创。《条例》的实施对安庆市推深做实林长制改革提供坚强的法制保障。

**全国首部林长制地方性法规——《安庆市实施林长制条例》
颁布实施新闻发布会**（安徽省安庆市林业局提供）

林长制组织体制建设

第三章

第一节
总体要求

一、基本原则

（一）全域覆盖原则

林长制涉及山水林田湖草，与每一块国土空间相关。全域覆盖是其基本特征，更需高位推动。林长制的责任体系要实现山水林田湖草全域覆盖，不留空白和死角，将林长制的任务、责任在空间上全域覆盖。

（二）网格管理原则

林长制组织体系中基本功能的实现应以单元网格为基础的管理闭环，这个闭环的功能包括信息报送、护林巡查、工作督察、考核评价、激励问责、举报投诉受理等。

（三）分级分层原则

林长制的建立与责任体系的落实必须遵循分级分层原则，上一级的林长管下一级的林长，不同级别的林长所管辖的范围是不同的，不同级别林长的责任也不同。根据管理层级林长制要按照网格化管理思路进行设置，不同大小网格的目标、责任与任务是不同的，把林长制的各项目标、责任与任务分解到下一级，落实在空间上。空间网格从村级网格到省级网格，林长制的工作职责应呈现从功能性网格到顶层设计递进。

二、总体思路

坚持"跳出林业抓林长"，落实以党政领导负责制为核心的林长责任制，全面建立省、市、县（区）、乡镇（街道）、村（社区）

贵州省铜仁市梵净山常绿落叶阔叶混交林（贾黎明摄）

五级林长制体系，最后落实到护林员，突出"建、管、防、保"并举，通过"等级不同、大小不同，上下统一、相互协调"的网格体系，确定各网格的目标、责任、任务及考核指标、评价方法和激励问责制度。遵循可分解、可实施、可监测、可考核的要求，明确各级林长职责，层层压实责任。强化部门协作，构建起责任明确、协调有序、监管严格、保护有力、持续发展的林业保护发展责任体系，发动全社会力量参与生态建设，让广大群众积极参与到林长制管理体系中，成为生态任务的建设者和监督者。

第二节
组织体系

一、林长设置

各省可分级设立省、市、县、乡林长体系，村级基层组织根据实际情况，可设立村级林长。具体名称和分级，可根据本辖区林草资源的具体情况确定。

省级林长。省设立总林长，由省委、省政府主要负责同志担任；设立副总林长，由省委、省政府分管负责同志担任。统筹考虑省域内的林草资源特点和生态系统的完整性，特别是重点生态区域和生态脆弱地区的特殊性，可划片分区，增设副总林长，由省级负责同志担任。

市级林长。总林长由市委、市政府主要负责同志担任；副总林长由市委、市政府分管负责同志担任。市级根据实际需要，分区域设立林长，由同级负责同志担任。根据市级林草资源特点，也可设置区域性林长，区域性林长由市委、市政府相关负责同志担任，区域性副林长由相关市级林长成员单位负责同志担任，协助林长开展工作。

县（区）级林长。按县（区）行政边界落实林长，参照市级林长制组织体系设立总林长、副总林长。总林长由县（区）党委、政府主要负责同志担任，副总林长由县（区）党委、政府分管负责同志担任。林长由县委、县政府相关负责同志担任，副林长由县级相关林长成员单位负责同志担任，协助开展林长工作。

乡镇（街道）级林长。乡镇（街道）设立林长和副林长，分别由党委、政府主要负责同志和分管负责同志担任。

村级林长。村（社区）设立林长和副林长，分别由村（社区）党组织书记和村（社区）居委会主任担任。

例3-1：安徽省五级林长体系

安徽省自上而下组建省、市、县（区）、乡镇（街道）、村（社区）五级林长体系，其中，总林长和副总林长设在省、市、县（区）三级，由党政主要领导和分管领导分别担任；市、县设立林长并由同级领导担任；乡设立林长和副林长并由党政主要领导和分管领导分别担任；村设立林长和副林长并由党支部书记和村委会主任分别担任。

省级总林长、副总林长负责组织领导全省森林资源保护发展工作，承担全面建立林长制的总指挥、总督导职责。市、县（区）总林长、副总林长负责本区域的森林资源保护发展工作，协调解决重大问题，监督、考核本级相关部门和下一级林长履行职责情况，强化激励与问责。林长按照分工，负责相关区域的森林资源保护发展工作。乡镇（街道）、村（社区）林长和副林长负责组织实施本地森林资源保护发展工作，建立基层护林组织体系，加强林权人权益保护和责任监管，确保专管责任落实到人。

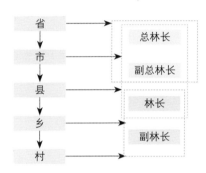

安徽省林长制五级林长体系

自然保护地、国有林场等单位，依据行政隶属和行政级别设立相应级别林长制机构。各级林长机构一般均要设置联络员。乡镇级以下单位，一般要设置林长制工作监督员、巡逻员、护林员，有条件可增加技术员、档案员、警员等专职或兼职人员。

二、工作机构

（一）林长制办公室

国家林业和草原局成立国家林业和草原局林长制工作领导小组，由国家林业和草原局主要负责同志担任组长，设立国家林业和草原局林长制领导小组办公室，负责指导全国、重点是省级林长制的实施、督查和考核等工作。

省、市、县（区）设立林长办。省级林长办设立在省林（草）主管部门，市、县（区）林长办设立在各级林（草）主管部门。乡镇可根据实际需求设置林长办，主要设立在乡镇林业站。

各级林长办要按照《关于全面推行林长制的意见》要求，在本级林长的领导下，承担林长制日常工作，统筹本区域内林长制组织实施和督查考核，明确牵头单位和林长会议成员单位，搭建工作平台，建立工作机制，负责横向和纵向的协调和沟通工作。

林长办作为林长制的工作机构，具体包括拟定各级林长人员设立方案，由林长办设立单位主管领导向总林长汇报方案，并征求各成员单位意见，最后由总林长签发。林长办要有专门的林长制办公场所，并配备有专职人员、工作制度、台账、监管平台、工作考核、工作经费。

📋 例3-2：江西省抚州市各级林长办设立标准

一、市级林长办"七有标准"

（一）有办公场所。专门的林长办，面积15平方米左右，办公室门上挂林长办牌。将林长办工作职责、市级协作单位职责、会议制度、信息通报制度、工作督查督办制度上墙。

（二）有专职人员。配备3～4名林长办专职工作人员。

（三）有工作制度。一是召开会议。及时组织召开市级总林长会议，不定期召开市级林长制工作会议；二是编发简报。每季度向市级林长报送1次专报或简报，对林长制工作中存在问题及时通报；三是组织督导。每年至少组织1次市级林长赴责任县（区）巡山督导，协调解决森林资源保护发展重大问题；四是资源管理。组织开展依法查处各类破坏森林资源的违法犯罪活动；五是督查督办。对上级督导发现的问题建立台账，督促整改，实行销号管理；六是宣传培训。管理市级林长制工作群，利用主流媒体，专题报道市级林长深入一线的调研督导活动，在市林业局网站开辟林长制工作专栏，适时开展林长制工作培训。

（四）有台账。配备林长制工作资料档案柜，分门别类归档保存林长制工作相关资料。一是人员名单。全市各级总林长和林长名单，"一长两员"名单。二是林长制文件。上级来文、市林长办下发的文件。三是会议资料。林长制会议照片，领导讲话，会议下发材料。四是林长制年度考核结果。五是林长制责任书。六是工作资料。市级林长制实施意见、工作方案、林长制工作要点、工作总结；市级林长巡山照片、资料；林长制工作简报、专报、通报；县（区）上报的林长制材料等。七是宣传资料。电视、广播、报纸、网站等宣传媒体报道全市林长制的资料，林长办下发的宣传资料。八是会议记录本。记录市级总林长制会议、市级林长制工作会议，上级领导督导、调研林长制会议等。

（五）有监管平台。建立数字森林——智慧林长制平台。

（六）有工作考核。每年12月底前组织人员对县（区）年度林长制工作开展情况进行考核，加强考核结果应用。

（七）有工作经费。各地根据实际落实林长制工作经费，保障林长制工作正常运行。

二、县级林长办"八有标准"

（一）有办公场所。专门的林长办，面积10～15平方米，办公室门上挂林长办牌。将林长办工作职责、县级协作单位职责、会议制度、信息通报制度、工作督查督办制度上墙。

（二）有专职人员。配备2～3名林长办专职工作人员。

（三）有工作制度。一是召开会议。及时组织召开县级总林长会议，不定期召开县级林长制工作会议。二是编发简报。每季度向县级林长报送1次专报或简报，对林长制工作中存在问题及时通报。三是组织督导。每年至少组织两次县级林长赴责任乡（镇）巡山督导，协调解决森林资源保护发展重大问题。四是资源管理。实施森林资源源头管理工作，及时发现、制止并配合有关部门依法查处各类破坏森林资源的违法犯罪活动。五是督查督办。对上级督查发现的问题建立台账，督促整改，实行销号管理。六是宣传培训。每月向上报送林长制信息不少于1条，管理县级林长制工作微信群，利用主流媒体，专题报道县级林长深入一线的调研督导活动，有林草局网站的开辟林长制工作专栏；对护林员实行岗前培训，每年组织对辖区内村（组）级林长、森林资源监管员和护林员进行1次以上的业务培训。七是护林员管理。组织对辖区内护林员队伍进行专项考核，对不能履职尽责的护林员及时调整。

（四）有台账。配备林长制工作资料档案柜，分门别类归档保存林长制工作相关资料。一是人员名单。全县各级"一长两员"名单，注明监管员和护林员姓名、管护面积、地点、联系电话等。二是林长制文件。上级来文、县林长办下发的文件。三是会议资料。林长制会议照片，领导讲话，会议下发材料。四是林长制年度考核结果。五是林长制责任书。六是工作资料。县级林长制实施意见、工作方案、林长制工作要点、工作总结；县级林长巡山照片、资料；林长制工作简报、专报、通报；乡镇上报的林长制材料等。七是宣传资料。电视、广播、报纸、网站等宣传媒体报道辖区林长制的资料，林长办下发的宣传资料。八是会议记录本。记录县级总林长制会议、县级林长制工作会议，上级领导督导、调研林长制会议等。

（五）有监管平台。建立智慧林长制平台。

（六）有工作考核。每年12月底前组织人员对乡镇年度林长制工作开展情况进行考核，加强考核结果应用。

（七）有公示牌。制作全县统一格式的林长制责任公示牌，竖立在醒目地段。其中县级林长责任公示牌1块，乡镇级林长责任公示牌每个乡镇1块，村级林长责任公示牌每个行政村1块。

（八）有工作经费。各地根据实际落实林长制工作经费，保障林长制工作正常运行。

三、乡级林长办"六有标准"

（一）有办公场所。林长办（可合署办公），面积10平方米左右，办公室门上挂林长办牌。将乡级林长、监管员名单公示牌，乡级林长岗位职责牌，监管员岗位职责牌、护林员岗位职责牌上墙。

（二）有工作人员。配备2名林长办专职或兼职工作人员。

（三）有工作制度。一是召开会议。及时组织召开乡级林长会议，不定期召开林长制工作会议。二是组织督导。每季度组织1次乡级林长赴责任区域巡山，协调解决森林资源保护发展中发现的问题。三是资源管理。实施森林资源源头管理工作，及时发现、制止并支持配合有关部门依法查处各类破坏森林资源的违法犯罪行为。四是"两员"管理。负责监管员、护林员队伍的日常管理和考核工作，对不能正常履职的护林员，及时解除合同，并报县级林长办。对护林员手册每季度进行1次检查。五是报送信息。及时向县级林长办报送本乡镇林长制工作开展情况，反馈林长制工作和森林资源保护中存在的问题。六是宣传培训。利用广播、标语、宣传车、宣传单、宣传手册、进校园等多种形式，开展林长制宣传；对护林员实行岗前培训，每年对辖区内村（组）级林长、森林资源监管员和护林员开展1次以上的业务培训。

（四）有台账。有专门文件盒，保存林长制相关资料。一是人员名单。辖区内森林资源监管员名单和护林员名单，注明监管员和护林员姓名、管护面积、地点，联系电话等。二是林长制文件。县林长办来文，乡镇下发的林长制有关文件。三是会议资料。林长制会议照片，领导讲话、会议下发材料。四是林长制年度考核情况。五是林长制责任书。六是工作资料。乡级林长制工作方案、工作总结；乡级林长巡山照片、资料；林长制工作信息等。七是宣传资料。乡镇开展林长制宣传的资料、照片，县级林长办下发的宣传资料等。八是会议记录本。记录乡级林长制会议、林长制工作布置会议，上级领导督导、调研林长制会议等。

（五）有工作考核。每年12月底前组织人员对村级林长制工作开展情况进行考核。

（六）有"一长两员"公示牌。在户外醒目地段，乡镇级林长责任公示牌每个乡镇树立1块。

四、村（组）级林长办"六有标准"

（一）有办公场所。有林长办（10平方米左右，可合署办公）。办公室门上挂林长办公室牌。将村级林长职责牌、护林员岗位职责牌、村级"一长两员"公示牌上墙。

（二）有人员。固定专人管理林长制资料档案。

（三）有制度。一是村级林长要按时参加上级有关林长制的会议，并及时传达、贯彻落实；二是村级林长对护林员开展护林工作进行督促检查，发现不能正常履职的护林员，及时向上级提出调整；三是及时解决护林员发现的责任区内破坏森林资源行为，并立即向上级林长报告和制止、处理；四是每个月巡山1次。

（四）有名单。辖区内护林员名单，名单上注明护林员姓名、管护面积、地点、联系电话。

（五）有台账。包括上级文件、林长制责任书、培训资料、林长制宣传资料、护林员名单。装在林长制专门文件盒中。

（六）有村级"一长两员"公示牌。在户外醒目地段，每个村立1块村级林长责任公示牌。

（二）会议成员单位

林长会议成员单位组成包括各级组织部门、宣传部门、发改委部门、财政部门、自然资源部门、生态环境部门、交通运输部门、水务部门、住建部门等，各成员单位确定1名科室负责人为联络员。林长会议成员单位按照职责分工，协同推进林长制各项工作。

例3-3：安徽省省级林长会议成员单位

安徽省省级林长会议成员单位包括省委组织部、省委宣传部、省编办、省发展改革委、省教育厅、省公安厅、省财政厅、省人社厅、省国土资源厅、省环境保护厅、省住房和城乡建设厅、省交通运输厅、省农委、省水利厅、省林业厅、省卫计委、省新闻出版广电局、省工商局、省军区战备建设局、武警安徽省总队、省气象局21个成员单位。

```
省级林长  ──►  省级林长会议成员单位  ──►  省级林长制工作办公室

      设立总林长  ──  省委、省政府主要负责同志担任

      设立副总林长  ──  省委、省政府分管负责同志担任

市级林长  ──►  市级林长会议成员单位  ──►  市级林长制工作办公室

      设立总林长  ──  市委、市政府主要负责同志担任

      设立副总林长  ──  市委、市政府分管负责同志担任

县（区）级林长  ──►  县级林长会议成员单位  ──►  县级林长制工作办公室

      设立总林长  ──  县（区）党委、政府主要负责同志担任

      设立副总林长  ──  县（区）党委、政府分管负责同志担任

乡镇（街道）级林长

      设立正副林长  ──  党委、政府主要负责同志和分管负责同志担任

村（社区）级林长
```

省、市、县（区）、乡镇（街道）、村（社区）五级林长制组织体系图

第三节
管理职责

一、林长职责

省级林长。 省级总林长、副总林长负责组织领导全省森林资源保护发展工作，承担全面建立林长制的总指导、总督导职责。

市级林长。 市级总林长、副总林长负责本区域的森林资源保护发展工作，协调解决重大问题，监督，考核本级相关部门和下一级林长履行职责情况，强化激励与问责。市级林长按照分工，负责相关区域的森林资源保护发展工作。

县（区）级林长。 县（区）总林长负责领导、组织本区域林长制所确定的目标、主要任务的落实工作，承担本区域林长制实施的督导、调度、协调职责。县（区）级林长负责相应区域的目标、主要任务的落实工作，重点做好森林资源保护发展，监督检查下一级林长履行职责情况，协调解决重点难点问题。

乡镇（街道）级林长。 林长和副林长负责实施本地森林资源保护发展工作，建立基层护林员组织体系，加强林权人权益保护和责任监管，确保专管责任落实到人。

村级林长。 村级林长负责落实本行政区域范围内森林资源保护发展的各项措施，落实上级交办的各项工作。

江西省镇级林长责任公示牌（江西省抚州市林业局提供）

二、林长会议职责

（一）林长会议

研究落实中央及省委、省政府关于生态文明建设的重大决策部署，研究决定林长制工作的相关制度和办法，组织协调有关综合规划和专业规划的制定、衔接和实施。组织开展执法监督和综合考核工作，协调处理涉及部门、地区之间的重大林权纠纷和争议。落实上级林长会议部署的相关工作安排，并向下级林长发布相关指令，汇总并向上级反映本级林长制存在的问题和急需解决的难题与要求。

（二）林长专题会议

林长专题会议由省（市）级总林长召集并主持，参加人员为省（市）级总林长、省（市）级副总林长，省（市）委、省（市）政府有关副秘书长，省（市）级林长会议有关成员单位负责同志、省（市）直有关单位负责同志等。会议主要贯彻落实林长会议有关工作部署；研究林长制工作有关专题事项；调度推进林长制工作，研究部署阶段性任务，协调解决重点难点问题；需要研究的其他事项。

（三）林长办会议

林长办会议由省（市）林长办主任召集并主持，参加省（市）级林长办会议人员为省（市）林长办主任、副主任、省（市）级林长会议有关成员单位联络员等。会议主要是贯彻落实省（市）级林长会议、省（市）林长专题会议的各项工作部署；彻落实省（市）委、省（市）政府、国家林业和草原局确定的有关工作任务；协调解决省（市）级林长会议成员单位推进林长制工作有关事项；检查督促各地推进林长制工作；组织林长制省级考核；需要研究的其他具体事项。

三、林长办职责

（一）省级林长办职责

贯彻落实省级林长会议、省林长专题会议研究确定的各项决策部署；办理省级总林长、副总林长交办的有关事项；承担省级林长会议、省级林长专题会议具体工作；负责拟订全省推进林长制相关配套制度，组织开展省林长制工作调研、监督、检查、考核等日常事务。

（二）市级林长办职责

对接省级林长制工作办公室，联系市级以下林长办，组织实施市级林长制具体工作，负责办理市级林长会议的日常事务，落实市级总林长确定的事项，拟定市级林长制管理制度和考核办法，监督协调各项任务落实以及组织实施考核工作。

（三）县级林长办职责

对接市级林长制工作办公室，联系县级以下林长制工作办公室，组织实施县级林长制具体工作，负责办理县级林长会议的日常事务，落实县级总林长确定的事项，拟定县级林长制管理制度和考核办法，监督协调各项任务落实以及组织实施考核工作。

（四）乡（镇）级林长办职责

对接县级林长办，负责制定森林资源保护和管理的年度计划，提出年度工作要点和确定重点工作任务分解。制定林长制各项制度和管理办法，组织实施林长制综合性考核等工作，规范林长公示牌设置，确保林长履职规范。组织协调、调度督导林长制各项工作任务落实情况，定期通报林长制工作。负责林长制信息工作的报送、汇总工作，组织协调开展巡林护林活动，管理护林员等。

四、林长会议成员单位职责

（一）省级林长会议成员单位职责

省级林长会议成员单位的主要职责是协助全省林长制相关工作的开展，为全省林长制的推行提供组织、资金、人才、技术、宣传保障。

例3-4：安徽省省级林长会议成员单位职责

1.省委组织部：负责将林长制实施情况纳入党政领导班子和干部管理考核内容，为推行林长制提供组织保障。

2.省宣传部：负责组织对林长制工作的宣传报道。

3.省编办：依法依规深化林业行政改革，建立与林长制相适应的体制机制。

4.省发展改革委：负责协调推进造林绿化、森林资源保护、林业基础设施等重大项目，组织落实国家关于造林绿化和森林资源保护相关产业政策，协调造林绿化和森林资源管理保护有关规划的衔接。

5.省教育厅：负责在高校、中小学和幼儿园组织开展生态文明教育，加强校园绿化建设。

6.省公安厅：负责组织公安消防力量参与森林火灾扑救，进行交通导，维护治安秩序；指导破坏森林资源刑事案件查处工作。

7.省财政厅：负责完善公共财政支持林业的政策，加强资金使用和绩效管理。

8.省人社厅：指导做好全省林业专业技术人才队伍建设和林长制相关评比表彰工作，配合有关部门落实享受省部级劳动模范、先进工作者的相关待遇。

9.省国土资源厅：协助做好矿产资源勘查、开发过程中的森林资源保护；组织指导矿山地质环境恢复治理工作；指导并监督实施森林、林地等自然资源资产的统一确权登记。

10.省环境保护厅：负责自然保护区的综合管理；按照审批权限负责林区内建设工程项目的环评审核；组织划定生态保护红线。

11.省住房和城乡建设厅：组织指导城市规划区的绿化工作；完善城镇绿地系统规划，增加城镇绿量。

12.省交通运输厅：组织全省公路两侧公路用地范围内绿化和林木管护；协助组织运力为森林火灾处置救援提供运输保障。

13.省农委：负责水生野生动物保护、管理工作；协助做好农田防护林建设工作。

14.省水利厅：负责省管河道及水工程管理范围内的造林绿化，组织做好水土保持工作。

15.省林业厅：组织开展全省国土绿化和林业生态建设；组织指导全省森林资源保护管理以及陆生野生动植物资源的保护和合理开发利用；组织协调、指导监督全省湿地保护、森林防火、林业有害生物防控以及林业行政执法监督等工作;承担省级林长办工作。

16.省卫计委：负责重特大森林火灾受伤人员救治和紧急药品支援工作。

17.省新闻出版广电局：负责协调、组织广播电视开展造林绿化、森林资源保护等宣传报道工作，配合有关部门发布经省森林防火和重大林业有害生物防治指挥部审定的灾情信息和扑救情况。

18.省工商局：配合林业部门加强野生动物及其制品利用的市场监管。依法查处网络交易平台、商品交易市场等交易场所，为违法出售、购买、利用野生动物及其制品，或者禁止使用猎捕工具提供交易服务的行为。

19.省军区战备建设局：负责开展营区绿化，组织解放军、民兵预备役参与森林火灾扑救工作。

20.武警安徽省总队：负责开展营区绿化，组织武警官兵参与森林火灾扑救工作。

21.省气象局：负责提供森林火险、林业有害生物防治天气预报服务，适时实施人工影响林区天气作业，协同建设森林火险气象测站。

（二）市级林长会议成员单位职责

市级林长会议成员单位比照省级林长会议成员单位职责设立，按照职责分工，各司其职，各负其责，协同推进市级林长制各项工作。

> 📋 **例3-5：安徽省芜湖市市级林长会议成员单位及工作职责**
>
> 1.市委宣传部：负责推行林长制工作的宣传工作。
>
> 2.市发改委：负责森林、湿地发展保护重大项目的立项、申报工作。
>
> 3.市经信局：指导、监督非煤矿山开采过程中的森林资源保护和综合恢复治理工作。
>
> 4.市教育局：组织和指导开展中小学生生态文明教育，加强校园绿化建设。
>
> 5.市科技局：指导林业科技创新工作。
>
> 6.市财政局：落实市级林长制工作经费，协调造林绿化、森林抚育保护管理等所需资金，监督资金使用。
>
> 7.市自然资源和规划局（林业局）：监督矿山企业落实矿山地质环境保护和综合恢复治理工作，指导、监督森林等自然资源的统一确权登记，按职责做好湿地资源保护工作。指导林业空间规划编制工作。组织、指导全市造林绿化、野生动物植物、古树名木、森林和湿地资源的保护工作；组织、指导全市林业有害生物防控等工作；查处破坏森林资源案件；承办林长会议交办的其他事项。
>
> 8.市生态环境局：负责涉及森林、湿地建设工程项目的环评审批工作。
>
> 9.市城管局：负责城市园林绿化管理，做好城市湿地公园保护工作。
>
> 10.市交通运输局：组织实施国（省）道道路绿化建设与管护。
>
> 11.市农业农村局：组织指导农业面源污染治理工作，按职责做好湿地资源保护工作。

12.市水务局：负责水利工程范围内的绿化管理工作，依法做好林区建设项目水土保持方案的审批工作。

13.市文化和旅游局：指导、推进全市森林旅游发展工作。

14.市应急管理局：组织、指导全市森林防火工作。

15.市市场监督管理局：负责野生动物及其制品经营利用的市场监管。

16.市气象局：负责提供森林火险、林业有害生物防治天气预报服务。

（三）县级林长会议成员单位职责

各县区结合本地实际，比照市级林长会议成员单位职责设立本级林长会议成员单位职责。

> 📋 **例3-6：安徽省芜湖县县级林长会议成员单位职责**
>
> 1.县委组织部：负责将林长制实施情况纳入党政领导班子和干部管理考核内容。
>
> 2.县委宣传部：负责组织对林长制工作的宣传报道。
>
> 3.县委编办：负责林长制改革工作机构设置和人员编制落实。
>
> 4.县检察院：负责全县涉林公益性诉讼及涉林刑事案件受理审查、立案监督、提起公诉等。
>
> 5.县发改委：负责协调推进造林绿化、森林资源保护、林业基础设施等重大项目，组织落实国家关于造林绿化和森林资源保护相关产业政策，协调造林绿化和森林资源管理保护有关规划的衔接。
>
> 6.县教育局：负责校园组织开展生态文明教育，加强校园绿化建设。
>
> 7.县公安局：负责森林火灾现场交通疏导，维护治安秩序；负责破坏森林资源刑事案件查处工作。
>
> 8.县财政局：负责完善公共财政支持林业的政策，加强资金使用和绩效管理。
>
> 9.县自然资源和规划局（林业局）：完善城镇绿地系统规划，增加城镇绿量；协助做好矿产资源勘查、开发过程中的森林资源保护；组织指导矿山地质环境恢复治理工作；指导并监督实施森林、林地等自然资源资产的统一确权登记；开展全县国土绿化和林业生态建设；组织指导全县森林资源保护管理以及陆生野生动植物资源的保护和合理开发利用；组织协调、指导监督全县湿地保护、森林防火、林业有害生物防控以及林业行政执法监督等工作；承担县林长办工作。
>
> 10.生态环境分局：按照审批权限负责林区内建设工程项目的环评审核。
>
> 11.城乡建设局：组织指导城市规划区绿化工作。
>
> 12.交通运输局：结合乡村道路建设有计划地对林区道路进行升级改造，组织全县公路两侧公路用地范围内绿化和林木管护；协助组织运力为森林火灾处置救援提供运输保障。
>
> 13.农业农村局：负责水生野生动物保护、管理工作；协助做好农田防护林建设工作；负责美丽乡村建设项目、农业综合开发项目、小型水利工程项目造林绿化。
>
> 14.水务局：负责县管河道及水工程管理范围内的造林绿化，组织做好水土保持工作。

15.卫生健康委员会：负责重特大森林火灾受伤人员救治和紧急药品支援工作。

16.管理局：负责组织应急救援力量参与森林火灾扑救。

17.市场监督管理局：负责野生动物及其制品利用的市场监管。依法查处网络交易平台、商品交易市场等交易场所，为违法出售、购买、利用野生动物及其制品，或禁止使用猎捕工具提供交易服务的行为。

18.融媒体中心：负责协调、组织广播电视开展造林绿化、森林资源保护等宣传报道工作，配合有关部门发布经县森林防火和重大林业有害生物防治指挥部审定的灾情信息和扑救情况。

19.地方金融监督管理局：负责制订相关金融扶持政策；落实森林保险补贴、林业贷款贴息；设立林权抵押贷款风险保证金；鼓励金融机构为实施林长制提供信贷、保险支持。

20.城市管理局：负责县城建成区园林绿化养护和管理工作。

21.文化旅游体育局：组织、推进全县森林旅游发展工作。

22.气象局：负责提供森林火险、林业有害生物防治天气预报服务，协同建设森林火险气象监测站。

23.新芜经济开发区管委会、九连山茶场：负责本辖区内林长制各项工作。

第四节
制度体系

　　全面推行林长制涉及党政多个部门，明确各项工作的规则和要求，建立健全工作机制，是林长制能够取得预期效果的关键保障。林长制必须要建立的工作制度包括林长会议制度、工作督察制度、信息公开制度、部门协作制度等。建立健全相关的保障机制，包括机构设置、人员安排等。同时，各地要结合实际情况，完善公众参与机制，畅通公众参与渠道，引导和鼓励公众参与林长制相关工作。

一、林长会议制度

　　林长会议主要是传达贯彻上级林长要求、布置本级及以下林长工作、协调本级林长间关系、处理本级及以下林长发现的问题等。县级及县级以上林长一般均设有专门的林长办事机构（林长办），林长会议可以通过该办事机构加以落实。各级总林长每年组织召开1～2次本行政区域的林长会议。县级及县级以上林长制工作机构每季度通报1次本行政区域林长制工作开展情况，并报上一级林长制工作机构。

　　乡镇级林长一般不设专门的林长办事机构，但是需要收集下级林长（村级）的信息。乡镇级总林长需要结合本地实际，制定一定的联系沟通机制，会议工作制度就是其中的方式之一。

📋 **例3-7：安徽省怀宁县林长制县级会议制度**

为规范和推进林长制工作，根据《怀宁县林长制工作方案》要求，制定县级林长制会议制度。

县级林长制会议制度具体分为县级林长会议、县级林长例会和县级林长办（以下简称县林长办）成员单位会议。

一、县级林长会议

（一）县级林长会议由县级总林长、常务副总林长或副总林长召集并主持。

参会人员：县级总林长、常务副总林长、副总林长。对口的县政府副主任，乡镇林长、副林长，县级林长会议成员单位主要负责人，县林长办负责人列席，其他列席人员由县级总林长、常务副总林长或副总林长根据需要确定。

（二）县级林长会议主要研究事项。

1.贯彻落实党中央、国务院、省委、省政府、市委、市政府关于生态建设的重大决策和部署；

2.研究决定林长制重大政策、重要规划、重点制度；

3.总结上一年度林长制工作，部署安排本年度工作；

4.协调部署部门之间、区域之间实施林长制工作的重大事项和全局性重大问题；

5.经县级总林长、常务副总林长或副总林长同意研究的其他事项。

（三）县级林长会议原则上每年第一季度内召开一次，由县林长办拟定会议方案，按程序报送县委办、政府办审核，县级总林长、常务副总林长或副总林长、审定。会务工作由县委办或政府办指导，县林长办承办。

（四）会议形成的会议纪要经县级总林长、常务副总林长或副总林长审定后印发。

二、县级林长例会（专题会议）

（一）县级林长例会（专题会议）由分管县林长办的常务副总林长或县级副总林长召集并主持。

参会人员：县级副总林长、协助县级副总林长工作的相关单位负责同志、县林长会议成员单位负责同志、县林长办主要负责同志。列席会议人员由分管常务副总林长确定。

（二）县级林长例会（专题会议）主要研究以下事项。

1.贯彻落实党中央、国务院、省委、省政府及市委、市政府、县委、县政府关于林业生态建设的决策部署；

2.落实县级林长会议的工作部署；

3.总结全面实施林长制阶段性工作，部署阶段性任务；协调解决全面实施林长制工作中的难点问题、调度全面实施林长制的重点工作；

4.协调处理全面实施林长制工作中跨乡镇、跨部门的重要事项；

5.县级林长研究的其他事项；常务副总林长、副总林长决定研究的其他事项。

会议具体议题可由县级林长确定，一般由分管常务副总林长确定。

（三）县级林长例会（专题会议）原则上每季度末召开1次，特殊事项的专题会议结合例会一并研究，也可经县级总林长、常务副总林长、副总林长决定增加召开专题会议。县级林长例会（专题会议）由县林长办拟定会议方案，按程序报送县委办公室或县政府办公室审核，呈分管常务副总林长审定。会务工作由县委办公室或县政府办公室指导，县林长办承办。

（四）会议研究确定的事项形成会议纪要，由县林长办或协助县级副总林长工作的相关单位拟定，经县级常务副总林长或副总林长审定后印发。

三、县林长办会议

（一）县林长办会议由县林长办主任召集并主持。

参会人员：县林长办主任、副主任，县林长会议成员单位负责人和联络员。

（二）县林长办会议主要研究以下事项。

1.贯彻落实县级林长会议、县级林长例会（专题会议）的决策部署；

2.协调调度林长制工作进展情况，协调解决林长制工作中遇到的问题，协调督导森林资源保护管理专项整治工作；协调解决森林资源保护管理重点难点问题；

3.审议提请县级林长会议、县级林长例会（专题会议）研究的事项等。

会议具体议题由县林长办主任或副主任确定。

（三）县林长办会议由县林长办主任根据工作需要原则上每半年召开1次或根据需要适时召开。

（四）会议研究确定的事项形成会议纪要，由县林长办拟定，经县林长办主要负责同志审定后印发。

二、工作督察制度

为确保林长制工作落到实处、见到实效，结合当地工作实际，各级林长对应的政府部门应制定林长制工作督察制度。林长制工作督察制度主要包括督察主体、督察对象、督察内容、督察方式、督察程度、督察结果运用等。

📋 例3-8：安徽省林长制工作督察制度（试行）

为加强对安徽省林长制工作的督察指导，进一步健全机制，压实责任，提高效率，根据安徽省委、省政府《关于建立林长制的意见》精神，结合工作实际，制定本制度。

一、督察内容

（一）贯彻落实党中央、国务院及省委、省政府关于生态文明和林业建设的决策部署情况。

（二）省级林长会议、省级林长专题会议和省林长办会议决定事项落实情况。

（三）省级总林长、副总林长交办事项落实情况。

（四）明察暗访、群众投诉举报发现问题以及媒体曝光、社会关切问题等办理和整改落实情况。

二、督察主体及对象

根据督察主体不同，分为省级总林长(副总林长)督察、省林长办督察和省级林长会议成员单位督察。

（一）省级总林长(副总林长)督察。由省级总林长(副总林长)牵头或指定有关负责同志负责，主要对下一级林长和省直相关单位履职情况进行督察。省林长办负责组织协调。

（二）省林长办督察。由省林长办负责组织实施，主要对全省推进林长制工作落实情况进行督察。

（三）省级林长会议成员单位督察。由省级林长会议成员单位根据职责分工负责组织实施，主要对下级对口部门推行林长制、落实部门职责情况进行督察。

三、督察方式

省督察分为综合督察和专项督察，坚持实事求是、注重实效、统筹推进、分工负责的原则，采用明察与暗访相结合的方式开展，也可以通过组织互察或引入第三方督察的方式开展。

综合督察原则上每年1次，督察的主要内容根据林长制工作阶段性目标任务确定。

专项督察根据工作需要适时组织实施，督察的主要内容为特定事项或具体任务实施情况。

四、督察程序

根据督察事项、内容及时间要求，一般照以下程序开展督察：

（一）督察准备。根据督察工作计划或工作需要，制定督察工作方案。

（二）组织实施。向督察对象发送督察通知书(采取暗访方式的除外)，告知其督察事项、督察时间及督察要求等。通过听取情况汇报、查阅文件资料、实地查看核实、听取公众意见等形式开展督察。

（三）形成报告。督察结束后10个工作日内，向省林长办提交督察报告。

（四）结果反馈。对督察中发现的问题，督察主体在督察结束后15个工作日内，向督察对象下达督察建议书（意见书）。

（五）整改落实督察对象按照督察建议书（意见书）要求，制定整改方案，并在20个工作日内报送整改情况。督察主体视情开展"回头看"，对逾期未完成整改的，组织重点督察，实行警示约谈。

（六）建立台账。督察主体应在督篆任务完成后，及时将督察事项原件、领导批示、处理意见、督察报告、督察建议书(意见书)等资料登记造册、立卷归档。

五、结果运用

省林长办及时将督察情况予以通报。督察结果纳入林长制年度考核内容。

三、林长考核制度

考核制度主要是上级部门对林长（或者上级林长对下级林长）工作完成程度的考核，下级林长要根据上级林长的要求并结合地方实际给予细化，特别是针对乡镇级林长应制定可操作的考核制度。

为做好全省推行林长制省级考核工作，根据安徽省委、省政府《关于建立林长制的意见》精神，制定本制度。

一、适用范围

本制度适用于对各市党委、政府落实林长制目标任务情况的考核。

二、考核原则

考核工作遵循客观公正、科学规范、突出重点、注重实绩的原则。

三、考核内容

（一）林长制组织体系建立及保障施落实方面

1.林长设立及林长制工作机制运行情况；

2.配套制度制定及执行情况；

3.林长工作职能落实情况；

4.地方财政支持林业的政策措施落实情况；

5.林业基层组织建设情况。

（二）加强林业生态保护修复方面

1.生态保护红线落实情况；

2.贯彻落实森林资源保护发展目标责任制，林木采伐限额和林地征占用定额管理，公益林、天然林管护措施落实等情况；

3.完善森林生态效益补偿制度，公益林补偿政策落实情况；

4.湿地、野生动植物和古树名木保护情况，重点生态功能区、生态脆弱区的森林生态系统修复以及维护生物多样性情况。

（三）推进城乡造林绿化方面

1.开展全民义务植树活动；

2.森林城市（镇）、森林村庄、森林长廊创建以及园林绿化建设情况；

人工造林、封山育林、防护林、退耕还林、农田林网、石质山地造林、矿山复绿等重点林业生态工程建设情况。

（四）提升森林质量效益方面

1.商品林集约经营、森林蓄积量增减、林业产业发展、助力脱贫攻坚等情况；

2.推进森林抚育经营管理，森林结构优化、生态服务能力提升等情况；

3.国有林场改革、集体林制度改革等林业改革推进情况。

（五）预防治理森林灾害方面

1.森林防火责任落实、监测预警能力建设、扑救能力建设、应急值守等情况，森林火灾受害率控制等情况；

2.林业有害生物监测、检疫工作开展情况，主要林业有害生物防控等情况。

（六）强化执法监督管理方面

1.地方林业法规体系建设情况；

2.林业普法宣传教育、林业执法队伍建设、林业行政综合执法改革等情况；

3.林业案件发生及查处情况。

四、实施主体

考核工作由省林长办会同省级林长会议有关成员单位实施。

五、考核时间

考核工作每年开展1次，每年底开始，次年1月底前完成。

六、考核步骤

考核工作按以下步骤进行：

（一）各市自评。各市每年将本年度贯彻落实林长制情况进行总结，认真对照考核实施细则开展自自评，于12月底前将自评情况和相关佐证材料报省林长办。

（二）省级考核。省林长办会同省级林长会议成员单位，根据各市自评情，采取专项检查、抽样调查、实地核查、第三方评估等方式进行考核验收，依据考核实施细则指标，实行百分制评价。

（三）审核认定。考核结果报省林长会议审定，90分以上（含90分）为优秀，80～89分（含80分）为良好，60～79分（合60分）为合格，60分以下为不合格。对发生重特大林业灾害等事件处置不力，造成生态环境损害的；林业年度目标任务没有完成的；考核中存在篡改、伪造数据等弄虚作假行为的，直接认定为不合格。

七、考核结果运用

考核结果作为党政领导班子综合考核重要内容和干部选拔任用的重要依据。对工作突出、成效明显的，予以通报，并报组织部门备案；对工作不力、年度考核不合格的，由省级总林长或副总林长对下一级总林长进行约谈，责成限期整改。

八、考核纪律

考核工作要严守考核纪律，坚持原则、公道正派、实事求是，确保考核结果的公正性和公信力。各市应当及时、准确提供自评报告和相关数据、资料等，主动配合开展相关工作，确保考核顺利进行。对违反工作纪律、造成考核结果失真失实的，依规严肃追究责任。

各市、县（区）可参照本制度，结合本地实际，制定对下一级党委、政府落实林长制目标任务情况考核办法。

四、信息公开制度

信息公开制度是对林长制组织体系构建情况、林长制目标任务完成情况、林长制相关工作计划、成效进行公开的一项制度，通过信息公开接受社会监督。

为健全和规范林长制信息公开工作，提高信息资源利用和共享效率，根据安徽省委、省政府《关于建立林长制的意见》精神，结合实际，制定本制度。

一、公开内容

（一）建立林长制工作相关的政府、部门及行业发布的政策文件、规章制度、技术标准和技术导则等。

（二）每年3月12日植树节前后，向社会公开发布全省林长制目标任务完成情况、国土绿化情况、森林资源保护发展情况等。

（三）林长制工作规划、计划、方案等。

（四）全省林长制组织体系构建情况，主要包括林长姓名、职责、监督电话等。

（五）林长制工作动态及成效。

（六）林长制推进工作中的典型经验和做法。

（七）与林长制相关的工程项目建设情况。

（八）森林和湿地基本概况、保护发展目标等。

涉及国家秘密、工作秘密、商业秘密和个人隐私的事项，或依法不应公开的事项，不公开。

二、公开方式

根据信息内容和特点，一般采取以下方式进行公开：

（一）政府公报、政府门户网站、政务公众平台等。

（二）报刊、广播、电视等媒体。

（三）召开新闻发布会。

（四）政府、部门和行业有关的工作简报、通报。

（五）依托省林业厅网站，开辟林长制信息公开专栏。

（六）利用公告、通告、公示牌。

（七）其他便于公众知晓的方式。

三、公开程序

按照"谁公开、谁把关"的原则，依照《中华人民共和国保守国家秘密法》以及其他法律、法规和国家有关规定，对拟公开信息进行审查后方可公开。省林长办负责推进、指导、协调、监督全省林长制信息公开工作。

四、公开时限

应公开的信息自该信息形成或变更之日起20个工作日内对外公开。因法定事由不能按时公开的，待原因消除后依规定对外公开。

五、信息报送制度

信息报送和传递是林长制的重要内容，是上级林长了解下级林长的关键渠道之一。

县级及县级以上林长制工作机构应每季度通报1次本行政区域林长制工作开展情况，并报上一级林长制工作机构。乡（镇）级林长巡查发现问题应及时安排解决，在其职责范围内暂无法解决的，应当在1个工作日内将问题书面或通过网络信息平台提交有关职能部门解决，并告知当地林长制工作机构。

例3-11：安徽省六安市舒城县林长制信息报送制度

为及时掌握林长制工作开展情况，根据《舒城县全面推进林长制工作方案》，结合工作实际，特制订本制度。

一、县林长制信息工作原则

1.及时。重要信息早发现、早收集、早报送。紧急或重要信息报送应直呈直报。

2.准确。实事求是，表述、用词、分析、数字务求准确。

3.高效。以第一手情况、第一道研判、第一时间报送作为工作目标，为实施和推进林长制掌握情况、科学决策和指导工作提供高效率、高质量的保障服务。

二、建立信息专报和信息简报制度

1.信息报送。各林长会议成员单位和乡（镇）应将重要、紧急的林长制相关信息、举措部署、工作动态（加盖本单位公章）第一时间整理上报至县林长办，县林长办负责整理选取、编辑、汇总、上报。

2.信息处理。各林长会议成员单位和乡（镇）责任人或联络员应事先将上报信息梳理清楚，确保重要事项表述清晰、关键数据准确无误。政务信息由县林长办主任签发。

3.信息内容。包括需立即呈报县委、县政府和县总林长的工作信息，需专报县委、县政府的政务信息。

《专报信息》主要内容：

（1）贯彻落实县委、县政府决策、措施和工作部署情况；

（2）县总林长批办事项落实情况；

（3）林长制工作中出现的重大突发性事件和重大协调问题；

（4）反映各地创新性、经验性、苗头性、问题性及建设性等重要政务信息；对新闻媒体、网络反映的涉及森林资源保护管理和林长制工作的热点舆情。

《简报信息》主要内容：

（1）贯彻落实上级重大决策、部署等情况；

（2）县林长制工作动态、重要工作进展、阶段性目标完成情况；

（3）林长制工作涌现的新思路、新举措、典型做法、先进经验及工作创新、特色和亮点；

（4）反映本部门、本单位林长制工作新情况、新问题和建议意见。

三、建立工作通报制度

（一）通报内容

1.各责任单位和乡（镇）对林长制工作部署落实情况；

2.年度工作目标、工作重点推进情况；

3.对重点督办事项的处理进度和完成效果；

4.奖励表彰、通报批评和责任追究。

（二）工作要求

1.县林长办承办县林长制工作通报，负责对通报内容审签；

2.工作通报在政府信息公开网以林长制专栏等为主要载体进行通报；

3.县林长制工作通报原则上每个季度1次，重要的工作调度、工作进展以及公众关注的重要事项适时通报；

4.在具体工作中，违反本制度，信息通报工作中不作为、慢作为、乱作为导致发生严重后果、重大舆情事故和工作被动的责任单位和个人，将依规追究责任单位及个人的责任。

六、林长巡查制度

林长巡查制度主要目的是规范林长巡查工作标准或要求。林长巡查制度主要包括职责分工、巡查内容、巡查、记录、问题整改、考核奖惩等方面的规定。该制度首先要明确各级林长、林长办的职责，上级林长要督导下级林长履行巡护职责，各级林长办应积极支持并协助林长巡查工作的开展；其次要明确各级林长巡查的力度，巡查时要重点检查、巡查的内容；最后是要求各级林长应准确、详细记录巡查起止时间、巡查人员、巡查路线等内容，对于发现的问题，应妥善处理并跟踪解决到位。

例3-12：安徽省安庆市龙狮桥乡林长巡查制度（试行）

第一条　为贯彻落实《安庆市迎江区林长制工作方案》《关于推深做实林长制，加快"五绿"规划任务实施的意见》文件精神，强化林长责任制落实，确保全乡范围内林业活动规范有序，制定本制度。

第二条　本制度所称的巡查，是指各级林长对责任区巡回检查，及时发现问题，并予以解决。

第三条　各级林长应定期对责任区开展巡查，全面掌握林长制实施情况，监督下级林长开展巡查工作，研究解决下级林长上报巡查中发现的重点、难点、跨区域性问题。各级林长是责任区巡查工作的第一责任人。

第四条　巡查内容。乡镇（街道）林长重点巡查林业建设和森林资源保护属地落实情况，包括林业增绿增效行动、林业重点项目、森林防火、林业有害生物防治、林木采伐、林地管理、野生动植物资源保护利用、林业经济发展等目标任务推进完成情况。乡级林长重点巡查违规野外用火、乱砍滥伐、乱捕滥猎、乱采滥挖、乱占林地等破坏森林资源行为，发现违法问题及时制止并报告当地有关部门查处；发现森林火灾要在第一时间内向当地政府及林业主管部门报告，并及时参与组织扑救。

第五条　巡查频次。各级林长应定期开展对责任区的巡查，乡级林长每月不少于2次，村级林长每旬不少于2次。当问题集中发生时，应加大巡查频次。

第六条　巡查实行登记和报告制度。巡查结束后要认真填写巡查记录，内容包括巡查人员、巡查时间、巡查范围、巡查中发现的问题、采取的措施或建议，乡级林长巡查由同级林长办填写巡查记录并备案，遇重大问题本级解决不了的应及时上报上级林长或林长办。

第七条　巡查通报。乡级林长办要及时了解掌握乡、乡级林长的巡查情况并按规定要求上报。

第八条　考核督查。乡级林长办将对各社区林长巡查次数、排查问题、治理整改效果等情况纳入林长考核内容。并对社区林长巡查记录每季检查1次，对巡查工作成绩突出的给予表彰；对弄虚作假的予以通报批评；对发现问题推诿扯皮解决处理不力或造成严重后果的予以问责。

本制度自发布之日起实行。

七、举报投诉制度

为充分调动社会监督力量，鼓励群众参与林草资源的管理，任何人对所发现的破坏林草资源行为、事件都有举报的权力，林长办应有畅通的渠道以确保能及时受理，建立相应的举报投诉受理制度。举报投诉受理制度的主要内容包括受理范围(内容)、受理渠道、受理程序、工作要求、奖罚等。

例3-13：安徽省安庆市龙狮桥乡林长制投诉举报办理办法（试行）

第一章　总则

第一条　为规范林长制投诉举报办理工作，畅通社会监督渠道，根据《安庆市迎江区林长制工作方案》《关于推深做实林长制，加快"五绿"规划任务实施的意见》和有关规定，制定本办法。

第二条　乡级林长办应当公布本级林长制监督电话。对公民、法人或其他组织通过各级林长制监督电话、林长公示牌公告的林长联系电话以及通过其他渠道反映与林长制工作直接有关的投诉举报，依照本办法办理。

第三条　林长制投诉举报办理工作实行属地管理、分级负责，谁主管、谁负责的原则。

第四条　各级林长办负责办理属于林长办职责范围内的投诉举报事项；按照职责分工向本级林长会议成员单位或者下级林长办分办、交办投诉举报事项，并负责催办或督办。

第五条　按照职责分工承办林长办交办的投诉举报事项，并按照分级管理原则向下级单位交办投诉举报事项，并负责催办督办。

第六条　林长办、社区应当明确本单位承办林长制投诉举报事项的工作机构，依法、规范、及时解决群众合理诉求。

第二章　办理程序

第七条　乡级林长办负责林长制投诉举报事项的登记。

第八条　乡级总林长、副总林长接到的投诉举报，由本级林长办负责承办、分办和交办。社区林长接到的投诉举报事项，按职责权限办理；超出职责权限的，应当及时报乡级林长办处理。

第九条　乡级林长办接到投诉举报，应当在24小时内，按照下列方式承办、分办和交办。

（一）属于本级林长职责范围内的，应根据职责分工进行承办或交办。

（二）属于下级林长职责范围内的，应交下级林长办办理。

第十条　投诉举报事项涉及两个以上单位的，由林长会议根据情况确定主办单位和协办单位。

第十一条　对于分办、交办的事项，承办单位应当依法、及时处理，除有明确依据外，不按照信访程序处理。

第十二条　各级林长办对于重大、紧急的投诉举报事项，应当立即报告本单位负责人，并在职权范围内依法及时采取必要措施，同时报告本级林长。

第十三条　对受理的投诉举报事项，承办单位应当自收到投诉举报事项之日起5个工作日内办结。因特殊情况，不能在规定时间内办结的，应告知交办单位，并承诺办理期限。

第十四条　投诉举报事项办结后，承办单位应采取适当方式将办理结果告知投诉举报人，并向交办单位报送办结报告。办结报告应由承办单位负责人签发，说明举报投诉事项、调查情况、处理情况、回复投诉举报人情况等。

第十五条　承办单位未按要求报送办结报告的，林长办应予督办。交办单位发现办结报告内容不全或事实不清的，退回承办单位重新办理。

第十六条　林长办发现有下列情形之一的，应当按照有关规定及时督办，下发督办通知，提出改进建议：

（一）未按期办理的。

（二）未按规定程序办理的。

（三）其他需要督办的情形。

督办通知发出2个工作日内，承办单位应当向林长办书面反馈情况；未采纳督办改进建议的，应当说明理由。

第十七条　投诉举报办结后，承办单位应将投诉举报登记单、投诉举报信件、承办过程中形成的文件和书面材料等整理归档，妥善保管，并将办结材料报送本级林长办备案。各级林长办应当视情况抽查、回访已办结的投诉举报事项，听取意见，改进工作。

第十八条　各级林长对直接收到的投诉举报应当予以受理，对属于本单位职责范围内的，应当依法及时办理；不属于本单位职责范围内的，转同级林长办按程序办理。

第三章　奖惩

第十九条　办理投诉举报的有关单位或工作人员应当严格遵守各项工作纪律。对投诉举报问题的整改要做到实时跟踪，完成一件，反馈一件。对工作不力、推诿拖延造成不良影响的，按有关规定问责。

第二十条　各级林长办可根据工作需要，对投诉举报事项办理情况进行通报。对工作成绩突出、成效显著的单位和个人，可按规定给予通报表扬。

第二十一条　对提供重大林业案件线索的投诉举报人，经查证属实的，受理单位可对举报人给予适当奖励。

第四章　附则

第二十二条　本办法由乡林长办负责解释。

八、部门协作制度

部门协作制度是加强林长制工作的组织领导和统筹协调，充分发挥各职能部门的积极作用，稳步推进林长制各项工作落实的一项重要制度。协作单位要按照职责分工，积极支持和推进林长制工作，研究解决工作中的有关问题，制定配套政策措施或提出政策建议；及时向林长办提出需要部门协作会议讨论的议题，并认真落实部门协作会议确定的工作任务和议定事项；各协作单位之间要加强沟通，密切配合，相互支持形成合力，充分发挥部门协作作用，形成高效运行的长效工作机制。

> ### 📋 例3-14：蚌埠市建立"五长五联"协作机制
>
> 蚌埠市围绕进一步深化林长制改革，结合林业工作实际，建立了"林长+法院院长+检察长+公安局长+林业局长"（简称"五长五联"）协作机制，出台《关于建立涉林资源保护"五长五联"协作机制的意见》（以下简称《意见》）。《意见》明确了市级林长、市中级人民法院院长、市人民检察院检察长、市公安局局长、市林业局局长在"五长五联"体系中的共同职责及具体职责。其中共同职责为履行领导、组织、协调区域内的森林、林木、林地、湿地、自然保护地、野生动植物、公共绿地等资源及其生态系统保护发展和执法监督责任。根据林业资源保护工作需要，结合林业和公、检、法等部门工作实际，建立"联席召开会商会议、联动办理涉林案件、联合组织督察巡查、联保林业资源安全、联防职务违法犯罪"五项工作机制。每一项工作机制，都明确了具体的工作举措，通过工作机制的建立，确保"五长五联"协作机制有效运行，实现林业资源保护闭环管理。

建设规划研究
中国林长制

林长制考核体系建设

第四章

本章紧密结合中央文件的相关要求，从考核评价概述、考核评价指标及评分、考核方式及组织程序、考核结果运用等4方面分析了建立林长制考核机制相关理论知识与方法。为各省（自治区、直辖市）建立考核评价指标体系奠定理论基础。

第一节
考核评价概述

一、政策基础

《关于全面推行林长制的意见》中指出要将林长制督导考核纳入林业和草原综合督查检查考核范围，县级及县级以上林长负责组织对下一级林长考核，考核结果作为地方有关党政领导干部综合考核评价和自然资源资产离任审计的重要依据。《"十四五"林业草原保护发展规划纲要》提出要设立林长制考核指标，重点督查考核森林覆盖率、森林蓄积量、草原综合植被盖度、沙化土地治理面积、湿地保护率等规划指标和年度计划任务完成情况。《林长制督查考核办法（试行）》提出的督察考核内容包括国土绿化、资源保护管理、以国家公园为主体的自然保护地体系建设、野生动植物保护、森林草原灾害防控、林长制实施运行和突出工作成效7项重点工作任务落实情况，通过监测、督查等结果，结合日常监管，对各省进行综合评分。

林长制的考核指标建立在中共中央办公厅、国务院办公厅印发《生态文明建设目标评价考核办法》基础上设置，主要采取评价和考核相结合的方式。评价指标体系参照《绿色发展指标体系》（2016年）设置；项目目标考核参照《生态文明建设考核目标体系》（2016年）设置；党政干部奖惩任免参照《党政领导干部生态环境损害责任追究办法(试行)》（2018年）设置。各省林长制年终考核中涉及的造林、种草、防沙治沙、森林抚育、森林资源管护、病虫害防治、良种基地及生态护林员等林草重点任务指标均根据各年度国家林业和草原局下发的《年度林草重点任务预安排计划》进行考核。

二、考核内容

根据上述政策要求，考核内容应包括林长制综合管理情况和工作成效情况两部分。林长制综合管理情况即林长体系和工作机制建设情况，包括设立林长制体系建设、工作制度建设、能力建设、公众参与、护林巡查等，在设立考核指标时，各省可在这五大方面进行选择，设为一级指标，然后根据实地情况对各项指标进行细化，可分别设立二、三级指标。工作成效情况主要基于《关于全面推行林长制的意见》中规定的"森林草原资源生态保护、生态修复、灾害防控、林草领域改革、监测监管、基层基础建设"6项任务，将其总结归纳后形成5个一级指标，分别是生态保护与修复、造林绿化及质量提升、灾害预警及防控、林业产业培育与发展、林草领域改革及基础建设。根据各地林长制实施意见和工作方案中规定的任务进行细化，分别设立二、三级指标。

三、组织体系

（一）组织实施主体

组织实施主体为各省、市、县（区）、乡镇级林长办。最高层级林长为省级领导，由省级林长办负责组织；最高层级林长为市级领导，由市级林长办负责组织；最高层级林长为县级领导，由县级林长办负责组织；最高层级林长为乡级及以下领导，由乡级林长办负责组织。

（二）考核评价对象

（1）乡级考核评价村级的对象为村级林长；
（2）县级考核评价乡级的对象为乡级林长；
（3）市级考核评价县级的对象为县级林长；
（4）省级考核评价市级的对象为市级林长。

（三）四级考核评价体系

林长制考核评价体系以省、市、县（区）、乡镇（街道）、村（社区）五级林长为层级，实行"省级考核评价市级、市级考核评价县级、县级考核评价乡级、乡级考核评价村级"的四级考核评价方式。每一级考核评价采取"综合管理测评"和"工作成效考核"相结合的方式：综合管理测评侧重于林长制体系建设、工作制度建设、能力建设、公众参与、护林巡查等5个方面的日常工作；工作成效考核侧重目标任务完成情况，涵盖生态保护与修复、造林绿化及质量提升、灾害预警及防控、林业产业培育与发展、林草领域改革及基础建设等5个方面的目标任务。整个考核评价工作针对不同的考核评价对象，按照"上层侧重管理、基层侧重实施"的原则，分别选设不同的考核指标和评价内容，并赋予不同的分值；具体到每一级考核评价，按照"突出重点、注重成效"的原则，根据实际情况分配日常评价和年终考核占比。

第二节
考核评价指标及评分

一、考核评价指标

本节将从综合管理测评指标和工作成效考核指标两部分进行一、二、三级指标分解。其中，三级指标为建议指标，各地可根据实际情况及年度建设任务等进行筛选或新增，但筛选指标需包括《关于全面推行林长制的意见》《"十四五"林业草原保护发展规划纲要》《林长制督查考核办法（试行）》中要求的量化考核指标。

（一）综合管理考核指标

1.体系建设

考核林长在服务林长制工作中要加强组织管理建设和强化责任落实情况。体系建设的二级指标分为组织体系建设和责任体系建设。其中，组织体系建设建议选择以下4个三级指标，包括组织动员、设立林长、设立林长会议成员单位、设置林长办；责任体系建设建议选择以下6个三级指标，包括林长责任区划分、林长公示牌设立、林长会议成员单位履责、林长职责、平台建立及引导公众参与。

2.工作制度建设

考核林长制工作过程中相关制度制定情况。工作制度建设包括日常管理制度、监测巡护制度、评估监督制度等3个二级指标。其中，日常管理制度建议选择以下6个三级指标，包括林长会议制度、联席会议制度、工作督察制度、信息报送制度、公共财政支持制度、职责清单制度等；监测巡护制度建议选择以下2个三级指标，包括巡查制度、森林资源动态监测制度；评估监督制度建议选择以下3个三级指标，包括考核评价制度、激励问责制度、举报投诉制度。

3.能力建设

考核林长在服务工作中能力建设的相关情况，包括组织能力和服务能力2个二级指标。其中，组织能力建议选择以下4个三级指标，包括组织机构、人员编制、工作运转及档案管理；服务能力建议选择以下2个三级指标，包括工作经费及业务培训。

4.公众参与

考核林长引导公众以不同身份积极参与到林长制建设工作中的相关情况。包括社会监督、宣传教育及社会参与3个二级指标。其中，社会监督建议选择以下2个三级指标，包括投诉受理及整改落实；宣传教育建议选择以下4个三级指标，包括媒体宣传、社会宣传、对外宣传及自然教育；社会参与建议选择以下2个三级指标，包括公众满意度及志愿认领树木。

5.护林巡查

考核林长落实护林巡查制度及人员的相关情况。包括队伍建设、巡查频次、巡查内容、巡查记录及巡查覆盖率等5个二级指标。其中，巡查内容建议选择以下3个指标，包括林分质量、林内安全及林内卫生；巡查记录建议选择以下4个指标，包括巡查人员、巡查时间、主要问题及处理情况。

林长制综合管理测评指标一览表

序号	一级指标	二级指标	三级指标
1	体系建设	组织体系	可包括组织动员、设立林长、设立林长会议成员单位、设置林长办等
		责任体系	可包括林长责任区划分、林长公示牌设立、林长会议成员单位履责、林长职责、平台建立、引导公众参与等
2	工作制度建设	日常管理制度	可包括林长制会议制度、联席会议制度、工作督查制度、信息报送制度、职责清单制度等
		监测巡护制度	可包括巡查制度、森林资源动态监测制度等
		评估监督制度	可包括考核评价制度、激励问责制度、举报投诉制度等
3	能力建设	组织能力	可包括组织机构、人员编制、工作运转、档案管理等
		服务能力	可包括工作经费、业务培训
4	公众参与	社会监督	可包括投诉受理、整改落实等
		宣传教育	可包括媒体宣传、社会宣传、对外宣传、自然教育等
		社会参与	可包括公众满意度、志愿认领树木等
5	护林巡查	队伍建设	可包括队伍规模、队伍结构等
		巡查频次	可包括月、季、年频次等
		巡查内容	可包括林分质量、林内安全、林内卫生等
		巡查记录	可包括巡查人员、巡查时间、主要问题、处理情况等
		巡护覆盖率	可包括巡护面积、巡护路线等

例4-1：安徽省2020年度全省林长制实施情况考核细则

指标内容（分值设置）			
一级指标	二级指标	三级指标	考核细则（评分办法）
林长制实施（包括森林资源状况）	林长履职尽责（20分）	贯彻落实中共中央、国务院和省委、省政府关于生态文明建设和林业保护发展决策部署（15分）	中共中央办公厅、国务院办公厅《关于建立以国家公园为主体的自然保护地体系的指导意见》得到贯彻落实（5分）【自然保护地规划编制1分；自然保护地勘界1分；自然保护地整合优化2分；自然保护地生态资源监管1分】
			安徽省委、省政府《关于建立林长制的意见》得到贯彻落实（5分）【本地各级林长及其责任区落实到位（包括人员变动后及时调整跟进落实）1分；林长会议制度落实到位1分；林长督察制度落实到位1分；林长制考核制度落实到位1分；林长制信息公开制度落实到位1分】
			安徽省委、省政府《关于推深做实林长制改革优化林业发展环境的意见》得到贯彻落实（5分）【落实中央及省公益林生态补偿政策1分；林地经营权流转顺畅有序1分；完成林区道路年度建设任务1分；林业投融资服务得到明显改进1分；鼓励社会资本投入林业取得明显成效1分】
		林长制"五个一"服务平台（5分）	"一林一档"信息管理制度建设(1分)【各级林长责任区档案资料完整0.5分；档案信息及时更新0.5分】
			"一林一策"目标规划制度建设（1分）【各级林长责任区规划方案和措施切实可行0.5分；年度目标任务完成0.5分】
			"一林一技"科技服务制度建设（1分）【科技服务人岗相适、责任到人0.5分；科技服务精准并取得具体成果0.5分】
			"一林一警"执法保障制度建设（1分）【警力配备到位、责任到人0.5分；民警履职到位、案件依法办理0.5分】
			"一林一员"安全巡护制度建设（1分）【护林责任到人、安全巡护全覆盖0.5分；护林组织健全、护林员履责到位0.5分】
	林长制改革示范区建设（30分）	示范区先行区建设（10分）	《安徽省创建全国林长制改革示范区实施方案》得到贯彻落实（5分）【出台配套政策措施2分；林长制改革取得明显进展和成效3分】
			示范区先行区实施方案（5分）【示范区先行区建设做到一区一方案2分；改革措施做到集成配套并有创新3分】
		示范区及先行区的改革创新成果复制推广（20分）	示范区先行区建设取得明显成效（14分）【领衔林长组织协调推动示范区先行区建设的措施有力有效3分；示范区先行区建设按计划推进并报送进展情况2分；总结和报送具体典型意义的改革成功案例4分；示范区先行区成为全省改革创新样板5分】
			改革创新点具有鲜明特色和实际成效（6分）【在改革创新点上取得突破性进展和实际效果4分；改革创新成果在当地复制推广2分】

（二）工作成效考核指标

1.生态保护与修复

主要考核林长制严守生态保护红线，加大重点生态功能区、生态脆弱区修复力度、加强林业生态保护修复等主要职能。包括森林资源保护、湿地保护恢复、野生动植物保护、古树名木保护、自然保护地保护等5个二级指标。

2.造林绿化及质量提升

主要考核林长制紧密结合林业增绿增效行动，提高森林质量等重要途径。包括造林绿化、森林质量提升、建成区绿化提升、绿化提质增效行动等4个二级指标。

3.灾害预警及防控

主要考核林长制森林灾害预防治理力度，扎实抓好森林防火工作，防治林业有害生物的防治途径。包括森林防火、林业有害生物防治、种苗管控、林业案件查处等4个二级指标。

4.林业产业培育与发展

主要考核林长制深入推进林业"三产"融合发展，提升林业综合效益和人民生态福祉的有效途径。包括林业基地建设、培育新型林业经营主体、林产加工企业、森林旅游休闲康养、林业总产值等5个二级指标。

5.林草领域改革及基础建设

主要考核林长制深化国有林场改革和集体林权制度改革，扩大林业抵押和交易规模，促进林业增效、农民增收的途径。包括林地流转、林业类支撑政策、林区基础设施建设等3个二级指标。

林长制工作成效考核指标一览表

序号	一级指标	二级指标	三级指标
1	生态保护与修复	森林资源保护	可包括林地保有量、森林保有量、迹地植被恢复任务完成率等
		湿地保护恢复	可包括湿地保有量、生态保护与修复任务完成率等
		野生动植物保护	可包括植物科考任务、动物科考任务、生物多样性等
		古树名木保护	可包括古树名木保护率、建档率等
		自然保护地保护	可包括勘界定标任务完成率、建设任务合格率、自然保护地覆盖率等
2	造林绿化及质量提升	造林绿化	可包括林木覆盖率增幅、人工造林任务完成率及合格率、义务植树参与率等
		森林质量提升	可包括林木蓄积量增幅、封山育林任务完成率及合格率、森林抚育任务完成率及合格率、退化林修复比例、经济林抚育完成率及合格率等
		建成区绿化提升	可包括建成区绿化任务完成率、合格率等
		绿化提质增效行动	可包括四旁*绿化、创建森林城市等任务方案完成率、合格率
3	灾害预警及防控	森林防火	可包括森林火灾受害率、森林火灾查明率、森林火灾结案率、森林火险综合治理率、重大火灾等
		林业有害生物防治	可包括林业有害生物成灾率、无公害防治率、监测预警准确率等
		种苗管控	可包括种苗产地检疫率、成活率等
		林业案件查处	可包括涉林案件查处、涉林案件级别、违法违规改变林地用途及面积、违法违规改变湿地用途及面积等

序号	一级指标	二级指标	三级指标
4	林业产业培育与发展	林业基地建设	可包括特色创建数量、林下经济基地任务完成率等
		培育新型林业经营主体	可包括品牌创建数量、新型主体效益等
		林产加工企业	可包括龙头企业数量、加工企业数量、专业合作社数量、家庭农场（示范森林人家）数量等
		森林旅游休闲康养	可包括服务能力（人数）、服务面积等
		林业总产值	可包括电子商务交易额、务林人员综合收入等
5	林草领域改革及基础建设	林地流转	可包括流转面积、贯彻落实上级意见制定配套制度等
		林业类支撑政策	可包括林权抵押贷款、公益林和商品林政策性森林保险投保、木本油料和特色经济林投资、林业生态效益补偿机制、林地经营权顺畅有序流转、林业投融资服务、社会资本投入林业等相关政策
		林区基础设施建设	包括道路、生活设施、智慧化信息化设施等

*四旁指路旁、沟旁、渠旁和宅旁。

📋 例4-2：安徽省2020年度全省林长制工作成效考核细则

一级指标	二级指标	三级指标	考核细则（评分办法）
林长制实施（包括森林资源状况）	林长制"护绿"实施（10分）	全面落实天然林保护（1.5分）	全面落实天然林保护责任（1.5分）【完成天然林保护任务0.5分，无天然林保护任务的市不减分；完成公益林和天然林区划成果核实工作任务1分】
		森林资源保护（3分）	森林覆盖率（1分）【一类至四类市的森林覆盖率存量分别按0.8分、0.8分、0.6分和0.4分赋分；森林覆盖率增量分别按0.2分、0.2分、0.4分和0.6分赋分，增幅达到0.4%的得分，增幅低于0.4%的按比例减分，没有增长的不得分】
			森林蓄积量（1分）【一类至四类市的森林蓄积量存量分别按0.8分、0.8分、0.6分和0.4分赋分；森林蓄积量增量分别按0.2分、0.2分、0.4分和0.6分赋分，增幅达到2%的得分，增幅低于2%的按比例减分，没有增长的不得分】
			森林督查（1分）【2019年度森林督查中，发现一起违法占用林地、乱砍滥伐林木等案件且未查处到位减0.2分，减完为止】
		自然保护地管理（1.5分）	自然保护地日常管理依法依规开展（0.5分）【按要求落实"一区（园）一册"档案管理得0.3分；制定和落实应急保障措施得0.2分】
			自然保护地内问题整改任务完成（1分）【按时完成任务的1分，未按时完成的不得分】

一级指标	二级指标	三级指标	考核细则（评分办法）
林长制实施（包括森林资源状况）	林长制"护绿"实施（10分）	野生动植物保护（2分）	省政府《安徽省妥善处置禁食野生动物工作方案》得到落实（1.5分）【建立相应工作领导机制、工作方案和制度0.5分，按省政府确定的时间节点完成核实底数、依法退出、动物处置和核算补偿1分；没有按时完成的不得分】
			开展野生动物疫源疫病监测（0.5分）【开展监测工作，及时发现并报告野生动物异常情况0.5分，没有开展监测的不得分】
		湿地保护修复（1.5分）	湿地保护率（1分）【湿地保护率达到全省平均水平1分；低于全省平均水平的，每低1个百分点减0.02分，减完为止】
			发布一般湿地名录（0.5分）【名录发布0.5分，尚未发布的不得分】
		古树名木保护（0.5分）	古树名木保护（0.5分）【保护名录公布0.3分，实行挂牌保护0.2分；没有依法保护不得分】
	林长制"增绿"实施（10分）	林业增绿增效行动营造林任务完成（6分）	人工造林完成情况（一类市2分、二类市2.5分、三类市3分、四类市4分）【完成任务的得分；未完成任务的，一类至四类市每低1个百分点分别减0.2分、0.25分、0.3分和0.4分，减完为止】
			封山育林、退化林修复和森林抚育完成情况（一类市4分、二类市3.5分、三类市3分、四类市2分）【完成任务的得分；有一项任务未完成的，一类至四类市每低1个百分点分别减0.2分、0.15分、0.15分和0.1分，减完为止】
		"四旁四边四创"国土绿化提升行动实施（3.5分）	完成"四旁四边"任务（1分）【完成任务的得分；未完成任务的，每低1个百分点减0.2分，减完为止】
			完成森林创建任务（2.5分）【完成森林城镇创建任务1分，未完成任务不得分；完成森林村庄创建任务1分，未完成任务不得分；完成森林长廊示范段创建任务0.5分，未完成任务不得分】
		林木良种使用	当年新造经济林、用材林良种使用率（0.5分）【良种使用率达到或超过85%的得0.5分；低于85%的，每下降1个百分点减0.1分，减完为止】
	林长制"管绿"实施（10分）	林业有害生物防治（4分）	林业有害生物成灾率目标控制（1.5分）【低于成灾率目标的1.5分；每高出1个千分点减0.5分，减完为止】
			重大林业有害生物防治任务完成（1.5分）【完成任务1.5分；完成率超过90%的1分；完成率在80%～90%的0.5分；完成率低于80%的不得分】
			林业有害生物防治工作开展（1分）【在上级督查检查、明察暗访和经查实的社会监督（举报、媒体）中发现存在病虫情监测数据严重不实、除治质量不达标等问题，被省级以上部门约谈的每次减0.4分，减完为止，不重复扣分】

一级指标	二级指标	三级指标	考核细则（评分办法）
林长制实施（包括森林资源状况）	林长制"管绿"实施（10分）	森林防火（4分）	年度森林火灾受害率超过省政府规定责任目标的，发生重特大森林火灾或者造成人员死亡的，不得分
			森林火灾上报情况（1分）【瞒报、漏报森林火灾，每一起减0.5分；未按规定及时报告火灾，每一起减0.2分，减完为止】
			年度森林火灾发生情况（3分）【发生较大森林火灾，一类至四类市每一起分别减0.3分、0.4分、0.5分和0.6分，减完为止】
		林业执法（2分）	林业执法工作机制建设（1分）【林业执法工作机制建立1分，未建立的不得分】
			林业案件查处（1分）【侵占湿地、破坏野生动植物资源、林业植物检疫等案件未查处或查处不到位的，每一起减0.2分，减完为止】
	林长制"用绿"实施（10分）	林业产业高质量发展（8分）	林业产值增幅（2分）【增幅达到全省增幅平均值及以上的得1分，超过全省增幅平均值10%以上的得1分】
			各地因地制宜发展林业特色产业（1分）【如木本油料、特色经济林、苗木花卉、林下经济、生态旅游等，其中出台配套政策0.5分，不按要求上报相关统计数据的减0.5分】
			获得国家和省级主管部门认定的产业示范基地、示范园区、森林康养基地、专业示范社、示范家庭林场等，每认定1项得0.5分，最高得2.5分。
			实施品牌战略（1.5分）【积极组织企业参加国家级林业展会、龙头企业获得年度省级及以上名牌产品、国家地理标志产品、森林生态标志产品、专业商标品牌基地等称号的，每个得0.5分，最高得1.5分】
			食用林产品质量安全监管（1分）【制定年度食用林产品质量安全监管方案并开展监管工作得0.5分，在年度食用林产品质量安全监测中，对出现的问题及时采取措施并加以整改得0.5分】
		林木种苗发展（2分）	良种选育（2分）【开展良种选育并获国家或省级林木品种审定委员会审（认）定通过的2分；开展良种选育且申报国家或省级林木品种审定委员会审（认）定得1分】
	林长制"活绿"实施（10分）	深化集体林权制度改革（4分）	新型林业经营主体培育（2分）【国家林业和草原局和安徽省林业局关于培育新型林业经营主体意见得到落实2分】
			林权类公共资源交易（1分）【全年办理林权流转0.5分；纳入统一的公共资源交易平台进行林权交易的0.5分】
			林业融资（1分）【开展"五绿兴林·劝耕贷"融资担保业务得0.7分；开展公益林补偿收益权质押融资贷款得0.3分】
		国有林场改革（2分）	国有林场落实林长制改革（2分）【市县所属国有林场落实市或县级党政负责同志担任国有林场区域林长得1分；林长制"五个一"服务平台建设及落实林长制"五绿"任务情况得1分】

一级指标	二级指标	三级指标	考核细则（评分办法）
林长制实施（包括森林资源状况）	林长制"活绿"实施（10分）	林业科技支撑创新（4分）	林业科研与新品种保护（1分）【省级林业科研项目未实施、林业新品种保护执法行动未落实的减0.5分，减完为止】
			林业科技推广与科技服务（1分）【林长科技示范片、中央和省级林业科技推广项目、林业科技特派员服务等未落实到位的分别减0.1分，减完为止】
			林业科技普及（1分）【林业科普基地建设、"一日一技"投送与推广未落实到位的减0.5分，减完为止】
			林业标准化建设（1分）【林业标准制定或推广、标准化示范点建设未落实到位的减0.2分，减完为止】

二、评分及等级

（一）考评分制

林长制各级考核评价工作的最终得分由林长制综合管理考核和林长制工作成效考核得分组成。考核评价实行百分制，评分方法主要采用绝对评价法中的目标管理法、关键绩效指标法及等级评估法。综合管理考核建议采用目标管理法，完成目标即可加满分；工作成效考核建议采用关键绩效指标法中的加减分法，针对三级指标设置考核目标值，根据不同程度的增幅进行加分，根据不同程度的降幅进行减分，其中加分设置上限值。同时设附加分，鼓励各地创新工作方法，例如典型经验、创新做法在主流媒体刊登（播）、典型经验、林长制改革工作获得上一级领导批示或讲话表彰、林长制改革及主要林业工作被国家领导人批示等均可直接加分，最高不超5分。考核得分＝林长制综合管理考核得分+林长制工作成效考核得分+附加分。

📋 **例4-3：安徽省定远县2020年度林长制实施情况考评分制**

考核项目	考核内容	评分标准和考核办法	分值
造林绿化（30分）	造林计划完成率	造林计划完成率＝检查验收合格面积/任务×100%。计划完成率×30分为该项得分（分春秋两季自查验收计算算术平均数）。最高得30分	30
林长制实施情况（20分）	林长工作职责落实情况	各级林长亲历亲为抓改革，认真履行职责，工作有痕迹得10分。每少一个林长工作痕迹扣0.5分	10
	一林一员管护情况	护林员在岗在位，认真履职尽责，巡护有痕迹得5分，每少一个巡护痕迹扣0.5分	5
	一林一档完善情况	按照省、市、县要求完善一林一档得5分，完善内容不完整的发现一个扣0.5分	5
森林资源保护管理（15分）	林木采伐管理及林地管理	年度检查以及日常监管中发现的违法违规采伐林木行为、违法违规使用林地行为，每件扣1分	10
	森林督查	按时完成年度森林督查任务、上报督查结果得满分，否则不得分	5

考核项目	考核内容	评分标准和考核办法	分值
森林防火（15分）	责任落实情况	未签订年度森林防火目标责任书的、未成立森林防火领导小组、未设立森林防火办公室的、未建立森林火灾应急预案的，分别扣0.5分； 因森林防火工作不力、措施不到位，被省、市森林防火指挥部通报的，每次扣1分；被省森林防火指挥部约谈，每次扣2分	10
	应急值守情况	森林防火期实行24小时值班和领导带班制度，抽查不在岗的，每次扣1分	5
林业有害生物防治工作（8分）	林业有害生物防控情况	成灾率超控制指标造成不良社会影响的，扣7分	7
	染疫苗木、木材及其制品调运（加工、经营）案件情况	未发生染疫苗木、木材及其制品调运（加工、经营）案件的得满分，否则不得分	1
宣传报道		每年不少于2条得满分，否则每少一条扣1分	2
综合考评（10分）	领导评议	根据各乡镇年度工作总体情况，由领导给予综合评定分数	10
合计			100
	加分项	获得国家、省、市、县级表彰或命名的，分别加2分、1.5分、1分、0.5分（含各类森林创建，示范基地、龙头企业建设等）； 成功建设集中连片500亩以上薄壳山核桃基地的加0.5分，每增加500亩加0.5分； 成功创建省、市、县林长制改革示范区（点）的，分别加3分、2分、1分	
	扣分项	受到省、市、县级政府通报批评的，分别扣1.5分、1分、0.5分； 没有按照要求完成境内古树名木保护的，扣0.5分，造成死亡的扣5分	

（二）考评等级

考核等级分为优秀、良好、合格和不合格4个档次。90分以上（含90分）为优秀、80～89分（含80分）为良好、60～79分（含60分）为合格、60分以下为不合格。在等级内根据实际考核评价得分从高到低依次排序。

（三）一票否决

有下列情形之一的，实行一票否决，考核评价结果直接认定为不合格。

（1）对发生重特大林业灾害等事件处置不力并造成生态环境损害；涉林生态环境破坏问题被媒体曝光造成不良负面影响的，直接认定为不合格。

（2）年度林业保护发展目标任务没有完成，考核中存在篡改、伪造数据等弄虚作假行为的，直接认定为不合格。

山西省太岳山灵空山林场油松辽东栎混交林（贾黎明摄）

（3）因涉林相关工作被上级部门通报批评的(省级考核评价市级需达到国家相关部门通报批评；市级考核评价县级需达到省级及以上部门通报批评；县级考核评价乡级需达到市级及以上部门通报批评；乡级考核评价村级需达到县级及以上部门通报批评)，直接认定为不合格。

（4）因涉林纠纷不作为或处置不当，引起群体性上访事件造成严重不良负面影响的，直接认定为不合格。

第三节
考核方式及组织程序

一、考核方式

采用自评、聘请第三方监测评估、现场考核等方式对林长制进行综合考核。

（1）开展自评：各级林长对照年度工作任务和考核细则先行完成自查，形成考核自评报告和分段考核自评报告，经上一级林长签字确认后，报送省级总林长办。

（2）监测评估：省级总林长办公室组织第三方评估机构进行监测评估。

（3）现场考核：上一级林长制工作领导小组成立考核组，集中对下一级林长办组成部门开展考核和分段考核。

二、考核组织程序

林长制工作考核，一般应在上一级总林长、副总林长、林长的领导下，由上级林长办组织协调，制定具体考核办法，实施对下一级林长或林长办组成部门进行考核。具体如下：

（1）根据林长制年度工作要点，林长办负责制定年度考核方案，报总林长研究审定。方案主要包括考核指标、考核评价标准及分值、计分方法及时间安排等。

（2）年终考核由省级林长办组织，在省总林长、副总林长的领导下，牵头组织有关责任部门，成立考核组，考核组和省级责任单位根据分工采用佐证材料和现场抽查相结合的形式开展考核，由省级林长和副总林长审定。具体考核组织和程序应根据地区实际情况予以确定。

（3）日常评价主要根据上级下发的年度考核方案，开展林长制实施情况自评，同级地方党委、政府对责任单位进行考核，采取一月一调度、一季一评价的形式报送上一级林长办备核。

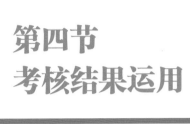

第四节
考核结果运用

从2022年起，国家林业和草原局根据不同区域林草资源禀赋和功能特点，按照目标任务对各省总林长按年度和任期实行量化考核。考核结果报党中央、国务院，以适当方式进行通报，同时报中央组织部，作为地方有关党政领导干部综合考核评价的重要依据。林长制考核结果作为党政领导班子考核评价和干部选拔任用的重要依据，要真正发挥考核的"指挥棒""风向标"作用。2022年3月，国家林业和草原局财政部印发《林长制激励措施实施办法（试行）》，对真抓实干，全面推行林长制工作成效明显的地方，在安排中央财政林业改革发展资金时予以适当奖励。各省（自治区、直辖市）可根据实际情况制定考核问责及激励方式。

一、考核问责

（一）追责问责形式

对考核结果不合格的林长给予通报批评，并由总林长或副总林长对下一级总林长（上级林长对下级林长）进行约谈，责成限期整改。

（二）适用条件

（1）对年度考核评价结果为不合格的各级政府（或组织）及其林长进行通报批评，取消其各类评优及先进的评选资格。

（2）对近3年任意两个年度考核评价结果为不合格的各级政府（或组织），由上一级林长对其林长进行诫勉谈话。同时，建议上级组织部门对其工作岗位进行调整，并在两年内不得提拔任用。

（3）对年度考核评价结果为不合格的各级政府(或组织)，应在考核评价结果通报一个月内，提出整改措施，向上一级林长办书面报告。未按要求整改或整改不到位的，由上一级林长办报送纪委(监委)部门依法依纪追究党政负责人的责任。

（4）参与考核评价人员应当严守考核评价工作纪律，坚持原则，保证考核评价结果的公正性和公信力。被考核评价对象应当及时、准确提供相关数据、资料和情况，主动配合开展相关工作，确保考核评价工作顺利进行。对不负责任、造成考核评价结果失真失实的考核评价人员或被考核评价对象，情节轻者予以批评教育，造成严重影响的按《公务员处分条例》规定严肃追究有关人员责任。

二、奖励激励制度

（一）表彰激励形式

对考核结果优秀单位给予通报表彰，考核结果纳入领导干部自然资源资产离任审计的考核体系，作为党政领导班子综合考核重要内容和干部选拔任用的重要依据。激励方式可以采用授予优秀称号和发放奖金两种方式。对考核结果优秀的总林长、副总林长及林长组成部门及表现突出的个人建议授予"林长制工作先进集体""优秀林长""林长制工作先进个人"等称号，由各地组织部根据相关规定设立，并发放一定额度的奖金，奖励经费可从省财政经费中支出。

（二）适用条件

（1）"林长制工作先进集体"评选条件：各级党委、政府对林长制组成部门的年度考核结果排名第一的部门予以表彰。

（2）"优秀林长"评选条件：在四级评价体系下，上一级对下一级考核，结果排名第一的予以表彰。

（3）"长制工作先进个人"评选条件：对在推行林长制工作中取得突出成绩的相关人员，由各级相关部门推荐。

林长制保障体系建设

第五章

第一节
林长制信息化建设

一、林长制信息化背景

2009年，国家林业局成立了信息化管理办公室，出台了《全国林业信息化建设纲要》及《全国林业信息化技术指南》，召开了首届全国林业信息化工作会议，明确了以"加快林业信息化，带动林业现代化"为核心的总体发展思路，我国林业信息化工作进入全面加快发展的新阶段。2013年，国家林业局印发《关于进一步加快林业信息化发展的指导意见》和《中国智慧林业发展指导意见》，以统一思想为前提、以应用需求为导向、以融合创新为动力、以重点工程为抓手、以新一代信息技术为支撑，我国林业信息化跨入了智慧林业建设新阶段。2015年，林业大数据被列入《国家大数据战略及行动纲要》，成为国家信息化战略的重要组成部分。2016年3月，国家林业局正式印发了《"互联网+"林业行动计划——全国林业信息化"十三五"发展规划》。在"十三五"时期，林业信息化发展要全面融入林业工作全局，"互联网+"林业建设将紧贴林业改革发展需求，通过8个领域、48项重点工程建设，有力提升林业治理现代化水平，全面支撑引领"十三五"林业各项建设。到2020年，我国基本建成智慧林业，实现信息感知立体化，业务管理高效化，公共服务便捷化。2020年12月，中共中央办公厅、国务院办公厅印发的《关于全面推行林长制的意见》中指出要加强森林草原资源监测监管。充分利用现代信息技术手段，不断完善森林草原资源"一张图""一套数"动态监测体系，逐步建立重点区域实时监控网络，及时掌握资源动态变化，提高预警预报和查处问题的能力，提升森林草原资源保护发展智慧化管理水平。

二、总体要求

全面贯彻党的十九大精神和建设美丽中国总体部署，认真贯彻以习近平新时代中国特色社会主义思想为指导，认真落实以生态文明建设为主的林业发展战略，坚持以维护森林生态安全为主攻方向，以保护修复林业生态、提升森林质量为重点，构建省、市、县（区）、乡镇（街道）、村（社区）五级林长上下联动的林业发展新思路，建立健全森林资源保护管理制度，完善森林资源源头管理监测体系，统筹山水林田湖草系统治理，实行最严格的制度保护生态环境。贯彻新时期林草工作方针，强化顶层设计，建设统分结合、各有侧重、上下联通的系统，加强整合共享，实现应用协同，全面支撑各级林长制管理工作的智慧化信息平台。

三、主要目标

以林业信息化推动林业现代化，引领林业向"智慧化"迈进。在充分利用现有林草信息化资源的基础上，根据系统建设实际需要，完善软硬件环境，整合共享相关业务信息系统成果，建设林长制管理工作数据库，开发相关业务应用功能，实现对林长制基础信息、动态信息的有效管理，支持各级林长履职尽责，为全面科学推行林长制提供管理决策支撑。

1.管理范围全覆盖

系统应实现省、市、县（区）、乡镇（街道）、村（社区）五级林长对行政区域内所有林草资源的管理，并可支持村级林长开展相关工作，做到管理范围全覆盖。

2.工作过程全覆盖

系统可满足各级林长办工作人员对信息报送、审核、查看、反馈全过程，以及各级林长和护林员对涉林事件发现到处置全过程的管理需要，做到工作过程全覆盖。

3.业务信息全覆盖

系统应实现对资源管护成效、基础工作、林长工作支撑、社会监督等所有基础和动态信息的管理，做到业务信息全覆盖。

四、主要任务

按照"互联网＋"林业管理创新架构的总体思路，构建实时监控、动态监测、互联互通的林长制信息管理平台，以服务林长制改革为出发点，建立省、市、县（区）、乡镇（街道）、村（社区）五级林长上下贯通、左右联通的信息化管理体系，严格遵循有关技术标准和接口协议，构建分级管理、查询调度、应急指挥等一体化平台，连接智慧林业云平台。助力林长制改革，实现林长目标责任考核、绩效综合评价、制度长效常态。从而实现资源监测实时化、工作决策科学化、目标管理精细化、考核制度规范化、管理方式长效化的林长制信息化建设目标。通过大数据分析及物联技术的普及，实现资源和生态实时监测，为森林资源、生态价值及林业产业提供基础数据服务。

林长制信息化系统建设任务主要包括建设管理数据库、开发管理业务应用、编制技术规范、完善基础设施4个方面。

（一）建设林长制管理数据库

在"一张图"基础上，建设包括资源管辖、林长、林长办、工作方案和制度等信息在内的基础信息数据库，以及包括巡林管理、考核评估、执法监督、日常管理等信息在内的动态信息数据库。基础信息数据库由国家林业和草原局和各省(自治区、直辖市)共同建设，国家林业和草原局统一管理，服务于各级林长及林长办；动态信息主要由各省(自治区、直辖市)建设和管理，服务于林草局和各级管理工作。

（二）开发管理业务应用

林长制管理业务应用至少应包括数据汇聚、网格管理、任务落地、业务协调、即时管理、绩效考核、公众参与、应用扩展、实时监测等功能。

1.数据汇聚

在生态文明建设的框架内，以各省森林资源数据为基础，叠加基础地理资料、多时空遥感影像，汇聚现实性资源调查成果、日常性业务管理信息，实现数据集中、安全、共享。

（1）基础数据：以省为范围的行政数据，具体包括省、市、县（区）、乡镇（街道）、村（社区）行政区划，省、市、县（区）、乡镇（街道）、村（社区）注记，道路交通，水系及注记，地名注记数据。

（2）历年影像：各省范围遥感影像数据包括不同年度、不同分辨率的航片和卫星影像数据（SPOT5、ALOS、RapidEye、TM、Modis等）。

（3）资源数据：各省全域范围的森林资源管理"一张图"数据、湿地资源数据、自然保护区数据等。各省范围的林长功能分区、五级网格、信息公示盘以及规划任务信息等。

（4）业务数据：各省范围内的林地变化图斑、营造林、采伐、抚育、森林灾害等数据。

2.网格管理

各级林长划分为省、市、县（区）、乡镇（街道）、村（社区）五级责任片区网格，并落实到电子地图上，实现各级林长网格的无缝套合，以及林长及其责任信息实时联动。

（1）省级网格：管理总林长、护林员、技术员、警员信息，及相关区域的地理信息数据。

（2）市级网格：管理市级的林长、护林员、技术员、警员信息，及相关区域的地理信息数据。

（3）县级网格：县级网格，管理县级的林长、护林员、技术员、警员信息，及相关区域的地理信息数据。

（4）乡村网格：乡级网格，管理乡级的林长、护林员、技术员、警员信息，及相关区域的地理信息数据。

（5）村级网格：村级网格，管理村级的林长、护林员、技术员、警员信息，及相关区域的地理信息数据。

3.任务落地

将林长制任务细分到具体地块，落实至最小网格，即时查询每个小班地理要素、工程类型、建设内容等信息，随时跟踪每个网格查看任务完成情况。

4.业务协同

将巡护终端、业务软件、管理系统等通过互联网统一接入平台，辅助以移动App，实现业务的分层管理和协同工作。巡护人员可以把巡护事件以图片、视频、文字等形式及时反馈到智慧平台上。各级林长可以随时查看四级网格的目标任务信息，以及巡护员的巡护轨迹和上传事件，下达工作命令。

（1）进度上报：通过为五级网格中的市级、县级、乡级、村级提供林长任务填报表格框架，为各级技术管理人员提供数据录入入口，可以针对具体的任务，逐项录入完成值，便于上级掌握情况。

（2）进度审核：上级网格的各科室负责人，可以对下级上报的数据进行审核，可以对审核情况进行反馈，由下级查看审核结果，也可以将下级进行批量锁定，在审核期间，不允许下级再上报数据。

（3）进度汇总：可以对各级上报的数据进行汇总，减少数据表格汇总的工作量，对于非量化考核的指标，仍需要手工进行汇总。

（4）进度输出：上级网格的管理人员，可以批量对下级的表格进行统一导出，减少数据汇集的工作量。

5.即时管理

利用各期遥感影像，通过影像特征对比分析，及时发现森林和林地变化图斑，再与林业历史数据进行对照分析，能够快速判断非正常变化地块，达到预测预警目的。

（1）图斑区划：图斑区划，主要是依托两期遥感影像通过卷帘对比，进行对变化图层图形采集，包含创建、分割、合并、修边、挖洞、回退，在采编过程中可以进行底图跟踪。

（2）变化复核：对区划的变化图斑进行内业复核检查，明确变化图斑的变化原因。

（3）变化核实：对变化图斑信息标记待核实状态或查看核实的数据，也可以进行核实信息录入。

（4）变化统计：对林地小班和变化图斑进行统计查看，包括按县统计、选中图斑统计和自由统计。

6.绩效考核

利用平台上直观展现的任务完成和工作落实情况，可以直接按照考核指标逐项打分，自动生成考核评价结果，把考核评价贯穿于工作过程的始终，实现日常考评与年终考核的无缝衔接。

（1）考核模板：考核模板用于维护考核框架，考虑到每年的任务目标和考核权重的不同，可以为每年定义一个统一的考核框架，设置不同的权重，且针对不同的县做ABC归类，针对同一个考核任务，每个分类分别定义不同的权重。

（2）考核管理：考核管理是针对当前年度考核指标的落实评价，与任务的进度上报联动，大部分的考核指标是量化的，则可以自动抽取数据，按成绩进行自动权重打分，对于非量化项，可以进行权重打分。

（3）考核排行：考核排行榜可以根据不同的考核指标，对考核结果进行排行，从不同的维度表达考核结果。

7.公众参与

利用信息交互平台，公众可以咨询、诉求、投诉，实现互动交流和信息反馈。利用手机扫描林长制公示牌上的二维码，即可查看该辖区内的林长姓名、联系方式、责任范围、职责分工等信息，实现了信息公开，便于公众监督。

8.应用扩展

大数据创新建设采用标准数据规范、统一服务标准，打造综合服务平台，预留应用接口，实现抚育管理、造林管理、林权管理、森林监管、林地变更、森林防火、林业有害生物防治、古树名木保护、森林资源评估、林权流转交易等业务系统数据的流入流出。

9.实时监测

实时监管采用大数据可视化技术，将各类信息的宏观指标进行自动抽取，并在大屏终端上进行展示，方便各级林长了解林长制生态大数据的实时情况，为生态保护、应急处置、发展规划提供支撑。

（三）编制技术规范

由国家林业和草原局出台系统相关技术规范，主要包括系统建设技术指南、林长制管理数据库表结构与标识符、系统数据访问与服务共享技术规定、系统用户权限管理办法、系统运行维护管理办法等。各地参照执行并根据实际需要制定细则或相关制度。

（四）完善基础设施

根据系统建设需要，在充分利用现有信息化资源基础上，对网络、计算、存储等基础设施进行完善。按照网络安全等级保护要求，完善系统安全体系，严格用户认证和授权管理。

五、林长制信息化平台构建

（一）总体设计

林长制信息化平台用户由林长领导、巡查人员和社会公众组成。部署在网络上的林长制信息化平台中整合了基础数据、物联网采集数据与巡查人员上报的森林巡查数据，可以为各级领导提供相应权限的指挥、统计与考核功能，为社会公众提供信息查询与问题反馈功能。

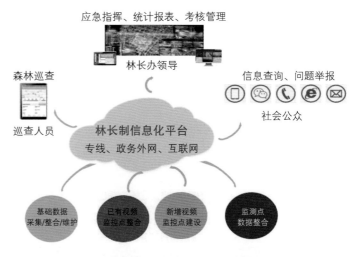

林长制信息化平台总体功能框架图

1.整体架构

林长制信息化平台的建设目标是满足林长制各级各部门对目标、任务、考核等需求，充分整合和利用林业系统已有数据资源，加速基础性林业专题数据的标准化、服务化改造，促进信息互联互通，有效调控增量资源，优化信息资源配置，实现信息共享，提高信息资源效益。

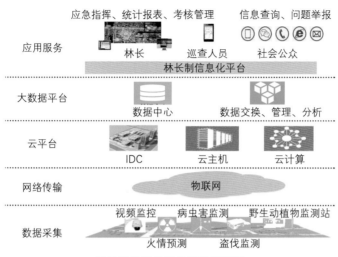

林长制信息化平台整体框架图

2.平台构成

林长制信息化平台由云计算模块、数据管理模块和数据应用模块3部分组成。云计算模块可以根据承载业务特性和需求不同，建设通用计算云、高性能计算云和视频监控云3个设施云环境。数据管理模块主要功能是数据存储与管理：公共基础数据库主要存储基础地理信息数据；森林资源基础数据库存储林业相关的基础调查数据；资源专题数据库存储林业资源相关的专题数据，主要包括森林监管监测、抚育、造林、巡护等数据。元数据库主要存储进入到上述3个分库中的矢量、影像数据的元数据信息，主要包括数据编目表、元数据表等。系统配置库主要是各应用系统运行所需的相关配置或业务数据表，主要包括组织机构、用户、角色权限、系统日志等。

林长制信息化平台构成图

3.部署方式

通过专业化的服务团队以及完善的服务流程，为林长制信息化平台提供一站式应用交付。

林长制信息化平台部署流程图

（二）功能架构

林长制信息化平台的建设目标是：建设网格化管理体系，打造林业事件、林长任务和综合执法三大工具，借助信息系统、移动端应用、呼叫中心和指挥调度四大途径，实现对各级林长、相关部门以及社会公众的全面调动与协同工作。

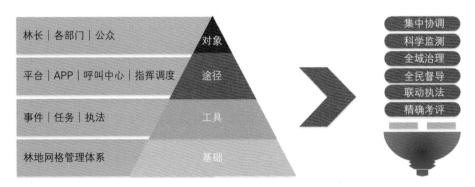

林长制信息化平台功能架构图

1.数据展现

通过林长制信息化平台将数据产品化，形成如林业资源、火警监测、有害生物监测、盗伐监测、野生动植物监测、考核评价等数据产品，并与地理信息紧密关联，与GIS图层相对应，可实现在林长"一张图"上对数据进行全景展现。根据业务需求提供业务、工程等主题的多维度全数据分析，采用业界标准的Hadoop/spark架构，支持加载大数据模型，并实现分析成果的统一管理。

2.辅助决策

基于大数据分析技术，结合相关的资源数据互相关联比对，通过机器学习、神经网络等方法，辅助决策支撑方案。对辖区内事件发生位置、发生次数以及事件类型进行综合分析，判断各类事件多发地，为林长管理工作的开展提供参考。对于辖区内经常发生的典型问题，可通过系统自动识别判断，并针对该类问题提供专项任务设置建议。运用机器学习、神经网络等方法，结合遥感、地形、气象等数据，提供动植物监测、有害生物防治、森林火警等信息预警，为管理决策提供科学依据。

3.集中协调

林长管理端APP,辅助完成林长事件管理、上报、办理、督办等一系列日常工作,随时上报问题、查看信息,并完成对下级林长任务的督办。上一级林长可通过APP随时了解辖区林地信息及下一级林长工作情况,指派人员开展巡林工作、各级林长间建立沟通。基层林长及工作人员通过手机APP,完成日常工作任务的处理。以林长办为中心,建立微信公众号、开发林长APP、开通电话专线等多种渠道,实现全社会资源的统一协调。

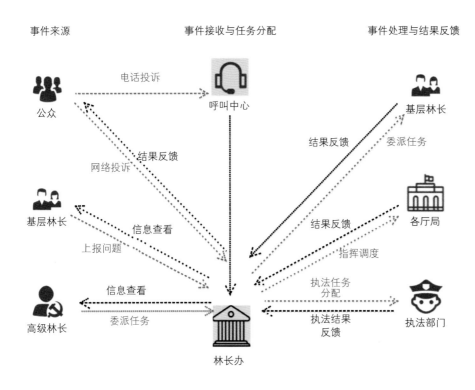

林长制信息化平台集中协调流程图

4.科学监测

根据林长制管理的业务需求,增加监测覆盖点、完善监测指标;利用卫星遥感技术,实现森林资源保护、野生动植物资源和有害生物防治数据的监测。充分发掘利用先进物联网监测技术手段,进一步提升动植物资源、森林火灾等方面的监测能力;调动全社会力量进行监测,融合林业、水利、农业等部门的监测数据,实现部门间联动;充分利用大数据分析技术,实现对监测数据的检验,从而提高监测数据的可靠性和可用性。

5.全民督导

林长制信息化平台可以提供各种督导功能,自动上报进度,适时向上级反馈具体行动进度、措施、成绩,提供调研问卷设计、指导意见下发功能。最终基于各类监督数据,综合分析评判各级林长组织体系工作落实情况,作为督导、考核依据。

6.联动执法

通过林长制信息化平台联动执法平台,联动林业和草原局、自然资源局、公安局、应急管理等相关部门，对涉林重要事件联合开展综合执法或专项行动，严厉打击涉林违法犯罪行为。

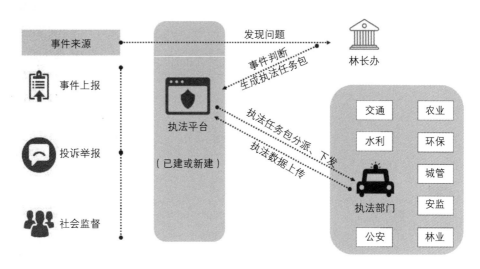

林长制信息化平台联动执法流程图

7.精准考评

根据不同林地存在的主要问题，实行差异化绩效评价考核，将领导干部自然资源资产离任审计结果及整改情况作为考核的重要参考。县级及县级以上林长负责组织对下一级林长进行考核，考核结果作为地方党政领导干部综合考核评价的重要依据。实行生态环境损害责任终身追究制，对造成生态环境损害的，严格按照有关规定追究责任。

六、林长制信息化应用

目前推行林长制的省市县几乎都同时建设上线了"林长制智慧管理平台"，不同的软件设计思路，带来了不同的管理模式。目前各地应用的林长制管理系统，可以分为以下三类：

第一类开发商拥有"智慧水利–河长制管理平台"丰富经验，把智慧河长的建设经验借鉴到林草行业。这类系统的优点是管理流程优化，把河长制建设过程中的经验用来指导林长制建设中碰到的问题和难点，例如广东省的林长制智慧管理平台。通过系统简化了林长制日常管理的工作程序，利用移动互联网及智能移动终端设备，随时下发和接收工作任务，实现信息联通，满足林长、护林员日常移动办公需求。这类系统应用相对简单易用。

第二类林长制管理系统，因为服务商拥有多年空间数据监测技术和经验，长期服务于林草行业，包括遥感监测、林草样地外业监测等基于GIS、GPS和RS的软件服务商，这类服务商通常对林草行业的理解比较深入，能够把林长制平台和已经建成其他业务系统做好融合，更重要的是这类服务商通常有林地小班基础信息或者遥感数据库为基础。这类系统采用了标准数据规范，并为其他扩展应用预留接口，可以接入抚育管理、造林管理、林权管理、森林监管、林地变更等业务模块，以及森林防火、林业有害生物防治、古树名木保护、森林资源评估、林权流转交易等业务模块。例如安徽安庆市林长制智慧平台，这类林长制管理系统是林草资源巡护系统的进一步扩展，系统应用相对较为复杂，需要用户具备一定的林草行业经验或工作背景。

第三类服务商为电信运营商或者移动平台开发商，以APP开发为主，多命名为"林长通"或者"智慧林长"APP，起源于智能巡护管理，增加模块后变为林长制管理平台，优点在于界面简单、易于操作，自动生成护林员巡山轨迹、上报巡查信息和突发事件，使得日常巡山护林护草管控得到加强。例如安徽省六安市金寨县的林长通APP。林长和护林员通过APP可方便地进行日常巡林、事件上报与处置、任务派发与反馈等工作，上级领导通过APP可直观全面掌握本管辖林区的事件信息、警示信息、统计信息等，随时随地对林区及林长进行督查指挥等。

第二节
林长制督察体系建设

　　《关于全面推行林长制的意见》中明确指出要健全工作督察制度，定期通报林草资源保护工作情况；并接受社会监督，推行实施第三方评估等。工作监督主要是针对林长履职情况和主要任务实施情况两大方面的监督。社会监督主要是通过加强宣传舆论引导，充分利用报刊、广播、电视、网络、微信、微博、客户端等各种媒体和传播手段，公开林长联系方式并深入释疑解惑，不断增强公众的责任意识和参与意识。

一、林长制监督体系

　　林长制监督体系的主要包括林长监督、林长制工作领导小组监督、林长制成员单位监督、林长制工作办公室监督及社会公众监督。示例图主要针对监督体系的主体、对象、内容、措施、方法等进行分析。

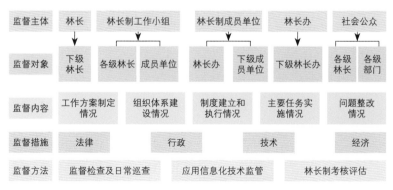

林长制监督体系示例图

二、督察内容

（一）工作方案制定情况

各地区全面推行林长制工作方案制定情况，包括印发实施、工作进度、阶段目标设定、任务细化等情况。

（二）组织体系建设情况

各地林长体系建设情况，包括林长设置、林长办设置、林长会议成员单位及相关工作人员落实情况；林长责任区的划分，林长职责、林长会议单位职责的履责情况等。

（三）制度建立和执行情况

林长会议制度、工作督查制度、林长考核制度、信息报送制度、林长巡查制度、激励表彰制度、举报投诉制度等的建立和执行情况。

（四）主要任务实施情况

森林草原资源生态保护、生态修复、灾害防控、林草领域改革、监测监管、基层基础建设等任务实施情况；信息公开、宣传引导、经验交流等工作开展情况。

（五）整改落实情况

中央和地方各级部门检查、督导发现问题以及媒体曝光、公众反映强烈问题的整改落实情况；各责任单位牵头的建设任务中问题整改落实情况；林长办和成员单位督办问题的整改情况等。

> 📋 例5-1：安徽省六安市林长制督察（督查）内容
>
> （一）督察（督查）工作方案制定及实施情况。督察（督查）相关单位林长制工作方案的制定及实施情况。
>
> （二）按照上级领导批示、林长会议决定、年度计划等，定期或不定期开展督察（督查）。
>
> （三）推进林长制重点任务落实情况。通过现场巡查等形式，督察（督查）林业生态保护修复、推进城乡造林绿化、提升森林质量效益、预防治理森林灾害等主要任务落实情况。
>
> （四）林长制工作机制和组织体系情况。林长体系建立情况，林长、林长会议成员单位职责落实情况，市、县（区）林长办设置及工作人员落实情况，林长会议制度、信息通报制度、工作督查制度、考核办法等制度的建立和执行情况。
>
> （五）林长制工作任务实施特定事项。市级总林长、副总林长，总督察长、副总督察长，市级区域性林长，市级功能区林长，自然保护区督察长批办事项落实情况，市级林长会议决策部署和决定事项的贯彻落实情况，上级部门检查、督导发现问题以及媒体曝光、社会关切问题的整改落实情况。

三、督察方法

（一）监督检查及日常巡查

中央对地方、地方上级对下级定期开展监督检查。通过实地查看、拨打监督电话、问询林长和相关工作人员、走访群众，及时发现并确认林长制管理中存在的问题。对确认为违法违规的问题要按照整改标准和时限要求，及时组织整改。有关地方依法依规对违法违规单位和个人给予处罚，对相关责任单位和责任人进行责任追究。各地通过建立巡护制度，明确巡护内容，加大巡护力度，对涉林违法违规行为和建设工程隐患早发现、早处理。

（二）应用信息化技术监管

在林长制管理信息系统和有关信息系统的基础上，充分利用遥感、空间定位、卫星航片、视频监控、自动监测、无人机等信息化技术，实现中央与地方林长制相关信息系统的数据共享和互联互通，建立监管内容和监管层级全覆盖的林长制监管信息化应用体系。通过强化顶层设计，做到一级部署、多级应用，实现"查、认、改、罚"管理监督检查工作各环节的闭合。

（三）开展林长制考核评估

各地区全面推行林长工作考核评估，进一步健全地方各级林长考核制度，细化年度考核指标与标准，切实发挥考核指挥棒的作用，推进森林草原各项建设任务落实落地。

📋 例5-2：安徽省六安市林长制督察（督查）方式及分类

安徽省六安市林长制督察（督查）采取明察与暗访相结合方式开展，也可以通过组织互察方式开展。主要分以下类型：

（一）日常督察（督查）。林长制日常工作需要督察（督查）的事项，以市级区域性林长、市级功能区林长、自然保护区督察长或者委托市级林长会议成员单位安排督察（督查），根据工作需要随时进行督察（督查）。

（二）专项督察（督查）。市级林长会议要求督察（督查）落实的重大事项，或市级总林长、副总林长，市级总督察长、副总督察长，市级区域性林长，市级功能区林长，自然保护区督察长批办事项，市林长办、自然保护区督察单位、副林长单位配合市级总督察组进行专项督察（督查），根据工作需要适时进行督察（督查）。

第三节
林长制宣传教育体系建设

一、宣传机构

　　林长制的宣传教育工作由各级林长办进行协调，协同林长会议成员单位（宣传部门、教育部门、电视台）共同推进，开展林长制宣传，增强社会公众生态环境保护意识和林业建设参与意识。其中省级林长办需负责推进、指导、协调、监督全省林长制信息公开宣传工作，其他各级林长办负责本级别林长制宣传工作的推进、指导、协调、监督。

二、宣传内容

　　林长制的宣传教育工作，要以习近平生态文明思想为指导，宣传中央、省、市关于生态文明建设的总体部署和林业发展的新政策新动向新举措新成效，宣传全面推行林长制的背景、重大意义、目标任务和具体要求，宣传林长制工作机制、运行模式、建设成效等，以及在森林资源保护管理和林长制工作过程中涌现的新思路、新举措、新做法，宣传先进经验及工作创新、特色和亮点。林长制的宣传要同时涉及正反两方面的典型，采取正面引导、反面警示的方式提高林长制工作成效。

　　主要的宣传内容包括：

　　（1）政府、部门及行业发布的与林长制工作相关的政策文件、规章制度、技术标准等；

　　（2）林长制组织体系构建情况，主要包括林长名单、职责、责任区域、监督电话等；

　　（3）林长责任划分、林长制目标任务完成、森林资源保护发展情况；

　　（4）林长制工作动态及成效；

　　（5）林长制推进工作中的典型经验和做法。

三、宣传途径

（一）林长制公示牌

林长制宣传的最基本要求，是设立林长制公示牌。林长制公示牌需公布各级林长的姓名、职务、责任区域概况、各级林长职责，以森林资源分布图的方式标明各林长所辖片区的界线、面积等基本情况，并公开各级林长联系电话、监督电话和举报电话，通过广泛设置的林长制公示牌，来接受全社会对林长制和各级林长的监督。

江西省村级"一长两员"公示牌（江西省抚州市林业局提供）

（二）新媒体宣传

在林长制推行过程中，应充分发挥新媒体作用，利用国家林业和草原局官网、地方政府门户网站、政务微博、微信公众号等新媒体资源广泛开展宣传，积极向人民网、新华网等推送林长制方面的稿件，及时组织开展具有网络特点的宣传报道，组织网评员围绕林长制主题发帖跟帖，加强舆论引导，加强相关网络舆情的监测处置。

（三）传统媒体宣传

在林长制推行过程中，应充分利用报刊、广播、电视等传统媒体的热门直播和新闻节目，围绕林长制进行各种形式的采访报道。安排记者深入林长制一线采访报道，集中、全面宣传林长制进展成效。在地区的传统纸质媒体上开辟专栏、专版，对林长制和林业工作进行宣传。各新闻媒体要推出系列稿件，及时、充分反映实施林长制的新举措新进展新成效。采用评论员文章、新闻短评、记者感言编辑随想、专家点评等多样形式，对林长制体系、林业投融资工作等热点难点问题和群众普遍关注的问题，加强解疑释惑，引导社会预期，凝聚广泛共识。

（四）新闻发布会宣传

在林长制推行过程中，应适时召开林长制工作推进情况新闻发布会，传达推行林长制的工作精神，为全面推行林长制实施创造良好的舆论环境。

（五）开展主题宣传活动

开展以林长制为主题的特色教育宣传活动，通过印制宣传手册、开展知识竞赛、印发致市民的一封信等形式开展社会宣传，营造浓厚舆论氛围。发挥生态文化的引领作用，有效整合和充分运用好教育宣传资源，因人施教，因势利导，增强对林长制制度的认知度，提高人们林业生态保护发展参与意识，优化人们的行为习惯，推动形成绿色的生产方式和生活方式。将特色宣传教育活动深入山林周边的村庄和社区，用老百姓喜闻乐见的形式大力开展以森林资源保护为主题的宣传，不断提高公民的森林资源保护意识和丰富公民的森林资源保护知识，发动全社会的力量参与生态建设，让广大群众积极参与到林长制管理体系中。

为了做好社会公众宣传，可以围绕林长制工作，以乡镇村林长为主体，开展以"森林我最富、林长我最能"为主题的"林长晒绿"系列活动，通过主题演讲、工作汇报、成果展示，集中展示评比各地林长制工作做法经验、工作成就，分别评选乡镇、村级好林长、好警长，优秀监管员、信息员、护林员，激发工作热情；以各地民营林场、家庭林场、造林大户、花木林果苗大户、林下种养大户等为主体，举行"比山赛木、比林晒树、争绿创富"等"林主竞绿"活动，集中展示林长制成果，评比最美林主、最美林场、最美森林、最美乡村、最美古树等，营造人人爱林护绿、村村争山造林、家家营林创富、共享美好生态的良好氛围。

四、宣传要求

林长制宣传机构按照"谁公开、谁把关"的原则，依照《中华人民共和国保守国家秘密法》及其他法律法规规定，对拟公开宣传的信息进行审查后进行公开宣传。

五、宣传时限

决定对外宣传的信息，应尽量于信息形成之日起20个工作日内对外公开宣传。因法定事由不能按时公开的，待原因消除后依规对外公开宣传。

林长制经验做法

第六章

第一节
安徽省

一、背景

安徽省是中国南方重点集体林区之一，是长三角地区重要生态屏障。党的十八大以来，安徽省委、省政府认真贯彻落实党中央加强生态文明建设的决策部署，全面推进林业改革与发展。2016年4月，习近平总书记视察安徽时强调，要把好山好水保护好，实现绿水青山和金山银山有机统一，着力打造生态文明建设的安徽样板，建设绿色江淮美好家园。2017年，安徽省委、省政府为深入贯彻落实习近平总书记视察安徽重要讲话精神，探索林业治理新思路，决定在全省推行林长制改革，出台安徽省委、省政府《关于建立林长制的意见》，确定在全省建立省、市、县（区）、乡镇（街道）、村（社区）五级林长制体系，构建责任明确、协调有序、监管严格、运行高效的林业生态保护发展机制。2018年，安徽省专门开展了"林长制制度建设年"活动，围绕护绿、增绿、管绿、用绿、活绿任务，制定了《安徽省省级林长会议制度》《安徽省林长制信息公开制度（试行）》《安徽省林长制省级考核办法（试行）》《全省森林资源动态监测定期公布制度》等11项制度。2019年4月，国家林业和草原局同意支持安徽省创建全国林长制改革示范区，林长制改革由此进入探索更加成熟更加定型模式的新阶段。林长制改革启动以来，安徽省委、省政府主要负责同志始终站在一线，亲自督察调研，指导解决问题。全省各地围绕护绿、增绿、管绿、用绿、活绿"五绿"任务，在"林"字上精准发力，在"长"字上履职尽责，在"制"字上探索创新，形成了一套务实管用的改革推进和保障体系。

二、特点

安徽省林长制改革以规划引领，通过编制科学的林长制改革总体规划，明确护绿、增绿、用绿、管绿、活绿"五绿"任务，加强林业生态保护修复、推进城乡造林绿化、预防治理森林灾害、强化资源多效利用、激发林业发展动力。围绕破解公益林生态补偿、林地流转、林权融资、社会资本投资、林区道路建设等"五难"问题，建章立制，并聚焦全省不同区域林情特点，在皖北平原、沿淮地区、江淮分水岭、沿江地区、皖西大别山、皖南山区6个区域，建设30个示范区先行区、探索90项体制机制创新点，精准破解不同区域林业改革发展难题。

三、内容

（一）林长组织体系

安徽省建立了由省委书记、省长任省级总林长，省委副书记任常务副总林长，分管副省长任副总林长的五级林长制组织体系，20余家省直单位主要负责人为省级林长会议成员；各市县都设立总林长、副总林长和林长，并确定林长会议成员单位；乡镇党政班子成员和村委主要负责人担任林长。全省共有各级林长5.2万余名，各级林长都划定责任区，省市县设立林长办。

（二）目标任务体系

围绕"护绿"加强林业生态保护修复，围绕"增绿"推进城乡造林绿化，围绕"管绿"预防治理森林灾害，围绕"用绿"强化资源多效利用，围绕"活绿"激发林业发展动力，各级林长都有针对性的具体目标责任，各有关部门也有明确切实的职责任务，确保一山一坡、一园一林有专员专管，每年进行考核评价，兑现奖惩。

（三）政策支撑体系

安徽省委、省政府出台优化林业发展环境22条政策和林长制改革示范区17条意见，补齐政策短板。省有关部门制定了推进国土绿化和森林资源高质量发展、提高公益林补偿标准、加快林区道路建设、拓展林业投融资渠道、发展特色林业产业、加强湿地保护修复、深化国有林场改革发展等10多个方面的配套措施，打出了强有力的政策"组合拳"。

（四）制度保障体系

建立林长巡林、林长会议及成员单位职责、工作督察、考核评价、信息公开、社会监督等一系列制度。《安徽省林业有害生物防治条例》和《安徽省环境保护条例》均明确要实行林长制，确定林长保护发展林业的职责。《安徽省林长制条例》规范了安徽省市县乡村五级林长的设立及其保护和发展林业资源的职责，标志着安徽林长制工作步入法制化轨道。

（五）工作推进体系

安徽省委、省政府每年召开林长制改革推进会和省级林长会议，省林长办实行月通报、季调度，跟踪问效，每年委托第三方评估改革进展情况。建立了林长制"五个一"（一林一档、一林一策、一林一技、一林一警、一林一员）服务平台，有效保障林长履职。

四、成效

2017年，安徽省林长制改革启幕，落实以党政领导负责制为核心的责任体系。2019年，全国首个林长制改革示范区落户安徽。安徽省林长制改革入选中央深改办"2019年十大改革案例"。多年来，安徽省5.2万余名林长履职尽责，不断完善林业治理体系，创新"五绿并进"体制机制，切实将林长制改革优势转化为林业治理效能，林长制改革由安徽省走向全国。2021年5月28日，《安徽省林长制条例》经安徽省第十三届人大常委会第二十七次会议通过，是全国首部省级林长制法规，并入选安徽省2021年度"十大法治事件"。2021年8月6日，安徽省出台《关于深化新一轮林长制改革的实施意见》，为深化新一轮林长制改革，安徽省完善"五绿"协同推进机制，实施"五大森林行动"，共有16项主要任务，包括提升管护能力、强化生态保护、加大执法力度、优化国土绿化格局、健全森林经营体系、加强林业有害生物防控、加强林业碳汇计量监测、推进林业碳汇交易、建立林业碳汇基金、推动林业产业集聚发展、培育新型林业经营主体、实施林业品牌战略、引导林权有序流转、发展绿色金融、深化国有林场改革和优化林业营商环境。同时，安徽省委、省政府明确将国家储备林建设作为深化新一轮林长制改革和实施"五大森林行动"的重要抓手，对国家储备林建设规划编制、项目申报、建设标准、技术规程、采伐政策、风险管控、绩效评价、组织管理等均作出具体规定。

（一）五级林长管山治林

通过林长制改革，安徽建立起林长组织体系，省委书记、省长是省级总林长，省、市、县（区）、乡镇（街道）、村（社区）五级党政领导对标对表，省级总林长负总责、市县总林长指挥协调、区域性林长督促调度、功能区林长抓特色、乡村林长抓落地。全省52122名林长管山治林，20余家省直部门各尽其能，林业工作由林业部门的"独角戏"变为全省上下的"大合唱"。林长制改革工作被纳入省政府对各市目标管理绩效考核范围，省林长办实行月通报、季调度、跟踪问效，压实推进。

各级林长采取巡林、调研、座谈等方式积极履职。2019年，仅市县林长巡林调研就达7649次，解决问题4137件。宣城、滁州、宿州、芜湖、淮北、黄山等市建立了工作提示单、巡林记录单、问题交办单、落实反馈单工作闭环机制。六安市实施林长制"正面清单""负面清单"、总林长令和警示函3项制度，规范林长履职。

以各级林长责任区为落点，安徽省基本建成了林长制"五个一"服务平台。全省以市、县、乡、村四级林长为对象，建立一林一档47132份；组织专业技术力量编制规划实施方案，编写一林一策20762本（份）；由市县统一调配，落实一林一技6719名；统筹森林公安民警与地方公安力量，落实一林一警4527名；按照每个林长责任区配备一名护林员的要求，落实一林一员56001名。

（二）"五绿"协同系统治理

党政一把手出任林业总指挥，协同推进护绿、增绿、管绿、用绿、活绿，安徽省山水林田湖草实现一体化保护修复，城乡一体、山水同治、绿富同兴。

围绕"护绿"，全省突出抓好各类自然保护地规范整合，实施环巢湖十大湿地等重要生态系统保护和修复工程，推进新安江流域林长制提升工程。

围绕"增绿"，各地积极开展"四旁四边四创"国土绿化提升行动，重点打造长江、淮河、江淮运河、新安江4条生态廊道。2019年，完成人工造林77.71万亩，其中"四旁四边"造林29.7万亩。

围绕"管绿"，各级森林公安机关依法惩处乱砍滥伐林木、乱占滥用林地等违法行为，2019年共办理森林刑事案件645起、森林行政案件2792起。实施松材线虫病治理"三大战役"，清理病死、枯死松树147.9万株。

围绕"用绿"，全省积极发展观光林业、游憩休闲、森林康养等新业态，2019年全省林业总产值4348亿元，同比增长7.5%。滁州市将池杉湖国家湿地公园划定为县级林长责任区，建成全国首个跨省合作湿地公园。

围绕"活绿"，安徽持续深化集体林权制度改革，2019年新增集体林地流转面积65万亩，各类新型林业经营主体2万多个。全面推进"五绿兴林·劝耕贷"融资担保业务，为各类林业经营主体提供贷款担保1.7亿元。

各级林长围绕林业保护发展的体制、机制和制度建设，逐步提高集体和个人所有的国家级、省级公益林生态补偿标准，将补助政策到期、符合公益林区划条件的131.62万亩退耕还生态林纳入公益林补偿范围，在4个国家级和省级自然保护区探索以租代补、租补并举的森林生态效益补偿机制。

（三）五区同建示范全国

安徽在江淮分水岭、沿江沿淮、皖西大别山、皖南山区、皖北平原5个地区设立了不同类型的示范点，推动尽快形成一批可复制可借鉴可推广的改革创新成果。

江淮分水岭地区在整体保护、系统修复、综合治理上下功夫，着力推进山水林田湖草系统治理。合肥市高质量建设环巢湖湿地公园群，创建国际湿地城市。滁州市全力建设森林生态康养基地、森林生态产品基地、森林生态屏障基地，发展高效生态产业基地140万亩。

沿江沿淮地区加快推进皖江国家森林城市群建设，积极开展沿江沿淮湿地群生态系统保护修复。芜湖市打造百里生态长廊，完成长江岸线造林1.16万亩。马鞍山市全力推进长江"建新绿"，完成石臼湖省级自然保护区湿地修复10万亩。

皖西大别山地区结合扶贫攻坚，坚持生态产业化和产业生态化发展。六安市带动基层林长聚力作为，形成木材、竹、木本油料、苗木花卉、特色经济林、森林旅游等六大主导产业，2019年全市林业总产值519.2亿元，同比增长15.4%。

皖南山区加强自然生态保护、古树名木保护、古村落及江河源头保护，着力推进生态文化产业协同发展。黄山市把松材线虫病防治作为生态安全第一工程，2019年实现枯死松树、病死松树数量、疫情面积"三下降"。池州市做大做强"森林+文化"等新产业，加快推进森林旅游示范市建设。

皖北平原地区以完善农田防护林体系为基础，推进森林城市、森林长廊和森林村庄

安徽省滁州市国家储备林建设（滁州市林业局提供）

建设，发展高效经济林、花卉苗木等林特产业。宿州市以黄河故道特色经济林、萧埇石质山攻坚绿化、埇桥绿色家居产业、新汴河平原防护林为重点，2019年完成人工造林7.83万亩，林业总产值590多亿元。

（四）林长制有法可依

2019年11月29日，安徽省第十三届人民代表大会常务委员会第十三次会议通过《安庆市实施林长制条例》，该条例于2020年1月1日起正式施行，这是全国首部林长制地方性法规，实现从"有章可循"到"有法可依"。此前，《安徽省林业有害生物防治条例》在全国首次将森林资源保护实行林长制写入地方性法规，确立了林长制的法律地位。

《安庆市实施林长制条例》共分为总则、设立与职责、组织与保障、监督与考核、法律责任、附则等六章。《安庆市实施林长制条例》明确了各级林长的工作任务，林长应当统筹推进林长制规划的实施，落实林业生态修复与保护、城乡绿化与提升、林业资源管理、林业产业发展、林业体制机制改革与创新等工作。

《安庆市实施林长制条例》明确了林长会议成员单位、林长办工作职责，并对实施林长制的组织与保障、监督与考核等作出具体规定。根据《安庆市实施林长制条例》，林长名单应当向社会公布，林长制工作考核评价实行日常评价与年终考核相结合，具体办法由各级林长办制定，经同级林长会议批准后，由林长办负责组织实施。林长在国土绿化和生态修复中作出突出贡献；在森林防火、林业有害生物防控以及林业资源保护工作中成效显著；在林业高质量发展中成绩突出等应当予以奖励。存在未完成林长工作任务的，在工作中弄虚作假的，接到投诉、举报后不依法处理或者处理不及时等行为的林长，依法给予相应处分；构成犯罪的，依法追究刑事责任。

2021年5月，《安徽省林长制条例》出台，用法制方式巩固提升林长制改革成果，标志着安徽省林长制工作步入法制化轨道。《安徽省林长制条例》规定了林长组织体系、工作导向、工作制度和支撑保障等内容，是我国首部省级林长制法规。《安徽省林长制条例》明确了林长制的立法宗旨、适用范围和基本原则（第一条至第三条）；规定了实施林长制5个方面的主要任务，规范了省、市、县（区）、乡镇（街道）、村（社区）五级林长的设立及其保护和发展林业资源的职责（第四条至第九条）；明确了各级政府、有关部门和各级林长制办事机构的职责（第十条至第十二条）；规定了实施林长制的会议、社会公开、投诉举报、考核和约谈制度（第十三条至第十七条）；对违法行为设定了相应的法律责任（第十八条至第二十条）。

第二节
江西省

一、背景

　　江西省是南方重点集体林区和重要生态屏障，自然禀赋良好。截至2020年，全省现有林地面积1073.33万公顷，占国土面积的64.2%；森林覆盖率63.1%，居全国第2位。习近平总书记视察江西时指出，绿色生态是江西最大财富、最大优势、最大品牌，一定要保护好，做好治山理水、显山露水的文章，走出一条生态文明建设和经济发展相辅相成、相得益彰的路子，并要求江西打造美丽中国江西样板。遵照习近平总书记对江西工作的重要要求，江西省作为国家首批生态文明试验区，积极创新生态文明建设新机制、新体制。2016年，江西省抚州市率先在全国实施"山长制"。随后，九江市武宁县在全国率先实施"林长制"，并取得了成功经验，产生了良好效果，为全面落实保护发展森林资源目标责任制、落实党政领导干部责任。在总结抚州市"山长制"、武宁县"林长制"基础上，江西省委、省政府决定从2018年起在全省全面推行林长制。

　　为推行林长制的全面建立，江西省实行最严格的森林资源保护管理制度，在保护森林资源、发展森林资源、创新管理机制、强化监管手段等方面狠下功夫。大力加强生态保护红线管控。严格林地用途管制，强化征占用林地管理；严格森林采伐限额管理，加强天然林和公益林保护；严格野生动植物管理，加强生物多样性保护；加大低质低效林改造力度，全面提升森林经营水平；推进林业产业结构调整，引导林地经营者加快发展林下经济；着力抓好重点区域森林美化、彩化、珍贵化建设，实现从"绿化江西"到"美化江西"的转变。

二、特点

江西省林长制具有突出的特色：一是科学划分各级党政的事权。强化各级领导干部保护发展森林资源的责任，构建"统筹在省、组织在市、责任在县、运行在乡、管理在村"的森林资源管理新机制，明确了五级林长保护发展森林资源的主体责任为县级林长，同级林长中，总林长、副总林长为第一责任人，林长为主要责任人。二是创新森林资源源头管理机制。江西省《关于全面推行林长制的意见》要求构建村级林长、监管员、护林员"一长两员"的森林资源源头管理架构，行政村是森林资源保护管理最小的单元，也是五级林长责任划分的最完整最小单位，责任落实到了山头地块，确保每块林地、每棵树木得到有效的监管和保护。三是突出重点。江西省林长制紧扣保护发展森林目标责任制，明确了工作任务，明晰了林长职责，细化考核办法，规范林长制运行制度，使林长制"落得下、好操作、优则奖、责必究"。

三、内容

（一）分级设置

省、市设立总林长和副总林长，分别由省市两级党委和政府主要负责同志担任；设立林长，由同级党委、人大常委会、政府、政协分管负责（对口联系）同志分别担任。

县（市、区）设立总林长和副总林长，分别由县（市、区）党委和政府主要负责同志担任；设立林长，由同级党委、政府负责同志担任。

乡镇（街道）设立林长和副林长，乡镇（街道）党委主要负责同志担任林长、政府主要负责同志担任第一副林长，其他负责同志担任副林长。

村（社区）设立林长和副林长，村（社区）党组织书记担任林长，其他村（社区）干部担任副林长。

县级以上设立林长办，办公室主任由各级林业行政主管部门主要负责同志担任。各级林长办要定期或不定期向本级林长报告本辖区森林资源保护和发展情况。

（二）部门协作

省、市、县（区）三级建立林长制部门协作机制，形成在总林长领导下的部门协同、齐抓共管工作格局。

省级林长制协作单位包括省委组织部、省委宣传部、省编办、省发改委、省财政厅、省审计厅、省统计局、省环保厅、省国土资源厅、省林业厅等部门。协作单位各确定1名厅级干部为协作组成员，1名处级干部为联络员。

（三）林长职责

省级总林长、副总林长负责组织领导全省贯彻落实中央生态文明建设决策部署，开展森林资源保护发展工作，对全省各级建立林长制工作实施总督导。省级林长负责督促协调责任区内全面贯彻落实中央和省委、省政府生态文明建设的决策部署，督促指导责任区内森林资源保护发展工作，协调解决森林资源保护发展重大问题。

市级总林长、副总林长负责在辖区内贯彻落实中央和省委、省政府生态文明建设的决策部署，组织领导辖区内森林资源保护发展工作，协调解决森林资源保护发展重大问题。设区市林长负责在责任区内督促指导森林资源保护发展、查处破坏森林资源的重大案件。

县级总林长、副总林长负责在辖区内贯彻落实中央和省委、省政府生态文明建设的决策部署，组织完成森林资源保护发展任务，坚持依法治林，协调解决重大问题，建立森林资源源头管理组织体系，对辖区内森林资源保护发展负总责。县级林长负责督促、指导责任区内森林资源保护发展任务，并确保按时按质完成；督促责任区做好森林资源保护工作，及时组织查处责任区内破坏森林资源的违法犯罪行为；积极调解山林权属争议，维护林地承包者和经营者权益。按照权责相当的原则，林长制主体责任在县级，县级总林长和副总林长为第一责任人，林长为主要责任人。

乡级林长、副林长负责在责任区内组织开展森林资源保护发展工作；组织实施森林资源源头管理，及时发现、制止并支持配合有关部门依法查处各类破坏森林资源的违法犯罪行为，对责任区内森林资源保护发展工作负总责。负责监管员、护林员队伍的日常管理，落实源头管理责任。

村级林长主要负责在责任区内组织开展森林资源保护发展工作；及时发现、制止责任区内破坏森林资源行为，并立即向上级林长报告。

下级林长对上级林长负责，上级林长对下级林长负有指导、监督、考核责任。

（四）部门职责

省林长办公室负责落实省级林长决定的事项，负责全省林长制的组织实施。负责林长制日常事务，定期或不定期向省级总林长、副总林长和林长报告全省森林资源保护和发展情况，承办省级林长制相关会议，下发年度工作任务，监督、协调各项任务落实。制定全省林长制管理制度和考核办法，组织实施年度考核等工作。按照职责分工，协同推进林长制各项工作。省级林长制成员单位职责如下：

省委组织部负责将林长履职情况纳入领导干部年度考核述职内容等工作；

省委宣传部负责指导林长制相关宣传教育和社会舆论引导等工作；

省编办负责林长制涉及的机构编制调整等工作；

省发改委负责支持和推进森林资源保护发展重点项目等工作；

省财政厅负责协调解决森林资源保护发展所需经费等工作；

省审计厅负责领导干部自然资源资产离任审计、重大森林资源保护发展资金使用审计等工作；

省统计局负责自然资源资产负债表编制等工作；

省环保厅负责组织划定生态红线，出台生态红线管控措施等工作；

省国土资源厅负责编制国土空间规划，保障林业生态建设用地，加强矿产资源开发审核及矿区地质环境恢复治理，组织实施林权登记发证、林权争议调处等工作；

省林业厅负责全省森林资源保护、监管、监测和利用，以及国土绿化、森林质量提升等工作。

（五）主要任务

保护森林资源。实行最严格的森林资源保护管理制度，加强生态保护红线管控。严格林地用途管制，加强征占用林地管理。严格森林采伐限额管理，加强天然林和公益林保护。严格野生动植物管理，加强生物多样性保护。严格野外用火和林业有害生物防控，加强森林防灾减灾能力建设。

发展森林资源。按照"只能增绿、不能减绿"的要求，坚持扩量提质，着力抓好国土绿化，持续增加全省森林资源总量；着力抓好森林质量提升，加大低质低效林改造力度，全面提升森林经营水平，进一步增强森林生态功能，构筑南方重要生态屏障；推进林业产业结构调整，引导林地经营者加快发展林下经济，促进林农增收；着力抓好重点区域森林美化、彩化、珍贵化建设，实现从"绿化江西"到"美化江西"的转变，不断满足人民群众日益增长的优美生态环境需要。

创新管理机制。加快建立森林资源网格化管理体系，确保每块林地都有五级林长和监管员、护林员负责管理。整合林业基层管理力量，建立源头监管员队伍。统筹整合森林管护资金，以县为单位组建统一的专职护林员队伍。构建行政村林长、监管员、护林员"一长两员"的森林资源源头管理架构，切实将森林资源保护重心向源头转移。同时，尊重林地经营者自主经营权，充分发挥经营者在森林资源保护管理中的主体作用。

强化监管手段。鼓励支持自然保护区、森林公园、国有林场等重要生态区域，探索建立"互联网+"森林资源实时监控网络；建立卫星遥感监控和实地核查相结合的常态化森林督查机制，及时掌握森林资源动态变化，快速发现和查处问题。充实森林资源监管力量，充分发挥好森林公安作用，稳步推进林业综合执法，严厉打击破坏森林资源违法犯罪行为，维护林区和谐稳定。

完善监测体系。加强森林资源监测队伍能力建设，提高监测效率和监测数据准确性。逐步建成全省森林资源管理"一张图""一套数"的动态监测体系，实现森林资源数据年度更新，为开展生态文明建设目标评价考核、领导干部自然资源资产离任审计、自然资源资产负债表编制、生态环境损害责任追究等提供基础数据。

（六）保障措施

加强组织领导。全面推行林长制是江西省保护森林生态环境的创新举措，也是江西省推进国家生态文明试验区建设的重要内容。各级党委和政府作为推行林长制的责任主体，高度重视，切实加强组织领导，抓紧设立林长办，明确责任分工，强化工作推进，形成一级抓一级、层层抓落实的工作格局，确保江西省林长制顺利推行。

健全工作机制。积极建立各级林长制会议、工作督查督办、信息通报、考核等制度，尽快形成一系列配套齐全、设置合理、管理规范、运转高效的工作制度，凝聚各方推进林长制工作的合力，着力构建森林资源保护发展长效机制，不断健全完善林业现代化体系。

加大资金投入。全力保障全面推行林长制必要的工作经费，建立稳定投入保障机制。要加大森林质量提升、护林队伍建设及森林资源监测等方面资金的投入力度，不断完善公共财政支持林业的政策措施，使森林资源得到有效保护。要充分发挥财政对社会资金的引导带动作用，鼓励金融机构、外资项目等积极投入森林资源保护发展，共同保护好江西省的绿水青山。

严格考核问责。建立林长制考核指标体系，并将其纳入市县高质量发展、生态文明建设以及流域生态补偿等考核考评内容，严格奖惩。同时，将林长制工作完成情况作为党政领导干部考核、奖惩、使用的重要参考。

加大宣传引导。建立林长制信息发布平台及公示牌等，主动接受群众监督。利用报纸、电视和网络等媒介大力开展林长制宣传，形成知晓、支持和推进林长制工作的社会氛围。加强生态文明宣传教育，使保护发展森林资源成为共识，让"绿水青山就是金山银山"的理念更加深入人心。

四、成效

（一）全省成效

2018年7月3日，江西省委、省政府联合印发《关于全面推行林长制的意见》，要求到2018年底，在全省范围内全面建立覆盖省、市、县（区）、乡镇（街道）、村（社区）五级，以林长负责制为基础的林长制管理体系，建立和完善相关制度，努力构建权责明确、保障有力、监管严格、运行高效的森林资源保护发展机制。真正实现山有人管、树有人护、责有人担。

2019年，江西省林长制由"全面建立"向"全面见效"转变。五级林长体系全面建成，构建了"统筹在省、组织在市、责任在县、运行在乡、管理在村"的森林资源管理新机制，明确了森林资源"三保、三增、三防"的主要目标（即保森林覆盖率稳定、保林地面积稳定、保林区秩序稳定，增森林蓄积量、增森林面积、增林业效益，防控森林火灾、防治林业有害生物、防范破坏森林资源行为）。

2020年，通过林长制建设，江西全省林地保有量稳定在1.61亿亩，森林面积达到1.48亿亩，森林覆盖率稳定在63.1%以上，全省重要区域森林美化、彩化、珍贵化建设初见成效，森林资源得到有效保护和合理利用，基本实现资源总量增长、森林质量提高、生态环境优美、林业产业发达的目标。为进一步加强林长制建设，2020年11月9日，江西省委书记、省级总林长签发2020年第1号总林长令——《关于开展林长制巡林工作的令》，要求各级林长履职尽责，加强对当前林长制重点工作的巡林督导。总林长令要求江西省内各地各部门要以习近平生态文明思想为指导，切实加强森林资源保护发展，推动林长制由"全面建立"向"全面见效"转变，为国家生态文明试验区建设提供制度创新。

江西省构建了覆盖全域的"一长两员"森林资源网格化管护责任体系，整合基层监管员5591人，聘请专职护林员25189人。统筹现有生态护林员补助、公益林和天然林管护补助等资金，保障专职护林员工资待遇。护林员巡护上报事件办结率超过99%，违法违规使用林地、违法违规采伐林木数量明显下降。

（二）地市成效

在江西省全省推行林长制的大背景下，各市积极落实林长制建设要求，在实践中不断探索创新。

九江市创新林业生态绿色共享机制，通过林长制带动建设乡村风景示范村、改造低产低效林、创建国家森林城市和自然保护区与湿地公园等，并且推动了新型林业经营主体与省级示范林场等的建立，以及森林旅游和经济林的发展。

上饶市弋阳县把"党建+林长制"作为新时代生态文明建设的具体实践，按照"属地管理、分级负责"的原则，以严格森林资源保护管理、提升森林资源质量、促进森林资源利用为目标，充分发挥"四个作用"，筑牢"党建+林长制"生态保护新体系。围绕增绿、护绿、管绿、用绿、活绿的目标要求，大力实施"百名支书带百村、千名党员联万户"百千工程，努力实现座座山头有人巡护、个个党员有生态发展责任、户户林农有党员服务，创造了森林资源保护和生态环境建设新机制。

抚州市通过构建以市、县、乡、村、组五级林长和护林员、监管员两支队伍的"一长两员"组织体系，以党政领导负责制为核心的"一令两清单"责任体系，林长制办公标准和护林员"五统一"日常管理的标准化体系，"一长两员"网格化、森林资源监管全天候、"天地空"一体化的监管体系，以"四打""绿盾"、环保督察"回头看"、生态环境保护审计、森林资源督查变化图班为重点督查体系，"两清单一平台一薪酬"（即林长责任清单、护林员履职清单、林长制智慧平台和护林员薪酬）的考核体系，通过"六大体系"推进林长制走深做实。

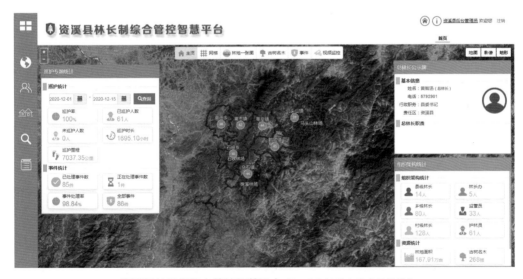

资溪县林长制综合管控智慧平台（江西省抚州市林业局提供）

第三节
贵州省

一、背景

　　贵州省是长江、珠江上游重要生态屏障，更是首批3个国家生态文明试验区之一，国家生态文明试验区（贵州）实施方案明确要"健全山林保护制度"。2018年，国家林业和草原局和贵州省人民政府签订了《关于贵州省建设长江经济带林业草原改革试验区战略合作框架协议》，提出要加快推进贵州省"林长制""巡山制"。2019年，贵州省政府工作报告明确提出要实行林长制。2020年9月17日，贵州省印发了《关于全面实行林长制的意见》，提出以"森林扩面、林分提质、林业增效、林农增收"为总目标，以"护林、造林、用林、活林"为重点任务，构建林业发展新格局和森林管护新机制，为保护山清水秀的生态环境提供制度保障。

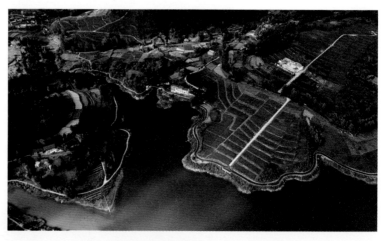

贵州省林长制改革成效（贵州省林业局提供）

二、特点

贵州省设立"双总林长",由同级党委和政府主要负责人担任;设立副总林长,由分管林业、自然资源、生态环境工作的同级政府负责同志共同担任;并按照分级负责原则,在全省范围内全面实行省、市(州)、县(市、区)、乡(镇)、村(社区)五级林长制。

三、内容

(一)总体要求

明确以习近平新时代中国特色社会主义思想为指导,全面贯彻党的十九大和十九届二中、三中、四中、五中全会精神及习近平总书记对贵州工作重要指示精神,牢固树立绿水青山就是金山银山的理念,以"森林扩面、林分提质、林业增效、林农增收"为总目标,以"护林、造林、用林、活林"为重点任务,构建林业发展新格局和森林管护新机制,为保护山清水秀的生态环境提供制度保障。

(二)基本原则

坚持保护优先,注重科学利用;创建责任体系,推动全民参与;突出创新领先,深化系统治理;注重民生为先,实现绿色惠民四项基本原则。

(三)主要目标

通过全面落实森林资源保护发展目标责任制,不断增加森林蓄积量和森林面积,提高森林覆盖率,实现"一筑牢、两优化、三提升"(筑牢生态安全屏障,优化林分林种结构、林业空间布局,提升森林火灾等林业灾害防治水平、林业综合效益、林业助推绿色发展能力)的目标,以林长制实现"林长治"。

(四)组织体系

1.总林长、副总林长

设立"双总林长",由同级党委和政府主要负责同志担任;设立副总林长,由分管林业、自然资源、生态环境工作的同级政府负责同志共同担任。

2.林长

按照分级负责原则,在全省范围内全面实行省、市(州)、县(市、区)、乡(镇)、村(社区)五级林长制。

3.林长联席会议制度

由本级总林长担任召集人,副总林长担任副召集人,本级相关职能部门负责同志作为成员。

4.林长办

省、市(州)、县(市、区)设立林长办。省林长办设在省林业局,由省林业局局长兼任主任,由省林业局、省自然资源厅、省生态环境厅各一名副局(厅)长兼任副主任。

（五）工作职责

1.林长职责

明确了各级总林长、副总林长和林长的职责。下级林长对上级林长负责，上级林长对下级林长负有指导、监督、考核责任。

2.林长联席会议职责

议定本级行政区域内林长制工作的重大事项，着重推进全省森林资源保护、修复、监管、发展等工作。

3.林长办职责

负责本级行政区域内林长制的组织实施，落实同级总林长、副总林长决定的事项。

（六）主要任务

1.以责任区域为依托，抓好森林资源保护管理

实行严格的森林资源保护管理制度，加强林业生态红线管控，严格林地用途管制。禁止天然林商品性采伐，强化生物多样性保护，积极构建区域性生态廊道，促进珍稀濒危物种种群数量恢复。开展自然保护地功能界定和调整，开展多部门、跨区域联合执法，强化依法治林。

2.以优化结构为抓手，推进森林扩面提质增效。

贵州省在林长制推行中优化了国土空间规划，积极开展环城林带、绿色通道、主要水源地、乡村等绿化，拓展造林用地空间，加大退耕还林实施力度，不断增加森林资源总量；切实加强森林经营，大力培育良种和乡土珍贵树种苗木，着力抓好森林质量提升，加大推进森林抚育和退化林修复、低质低效林改造力度，优化森林结构；因地制宜确定造林方式，扩大混交林比例，推广多功能近自然森林经营技术和农林复合经营技术，构建健康稳定优质高效的森林生态系统。

3.以科学管理为支撑，建设森林资源监管体系

加快建立森林资源网格化管理体系，确保每块林地都有五级林长和护林员负责管理。建立和完善遥感监控和实地核查相结合的常态化森林督查机制，快速发现和查处问题。加强森林资源监测队伍能力建设，提高监测效率和监测数据准确性，逐步建成全省森林资源管理"一张图""一套数"的动态监测体系，实现森林资源数据年度更新。着力推进林业基础数据库、森林资源监管体系建设。建立使用森林资源大数据管理服务平台，运用"林管通"APP监管林长制的落实。综合运用互联网、移动计算、大数据等新信息技术，形成全省网络化、立体化、可视化、智慧化的森林资源"三防"监督管理服务平台，解决在森林资源保护管理中技术监督手段的问题。

4.以林业产业为载体，实现森林资源永续利用。

进一步开展森林复合经营，以林草、林茶、林药、林菌、林蜂、林禽、林畜、森林产品采集等为主，发展周期短、见效快的绿色富民产业。依托优质森林资源，优化发展观光、休闲、养生、体育、探险、理疗等特色旅游产品，提高森林综合效益。

（七）保障措施

一是加强组织领导。各级党委、政府要履行林长制主体责任，抓深入抓具体，确保

林长制全面顺利实行。二是完善制度体系。建立森林资源保护发展长效机制，提升林业治理水平。三是加大资金投入。制定林业投资优惠政策，创新绿色金融机制，吸纳金融和社会资金，拓宽林业投融资渠道。四是加强部门联动。各级有关部门在同级林长的领导下，密切配合、协调联动，依法履行森林资源保护和发展相关职责。五是突出绩效考核。建立林长制绩效考核问责制度，将各级责任主体履职情况纳入干部考核，严格奖惩。六是加大宣传引导。营造良好的舆论氛围，提高公众的知晓率、认同感和参与度。

四、成效

贵州省高位设立林长组织体系，党委、政府主要负责人担任"双总林长"，其他党委、政府班子成员全部担任副总林长或林长，实现设立林长党政领导全覆盖。责任区域划分实行点面结合，涵盖全省每块林地和国有林场、风景名胜区、世界自然遗产地、自然保护区、森林公园等重点生态区域。在实施林长制改革过程中，贵州省以责任区域为依托，抓好森林资源保护管理；以优化结构为抓手，推进森林扩面提质增效；以科学管理为支撑，建设森林资源监管体系；以林业产业为载体，实现森林资源永续利用。建立了省、市、县、乡四级林长联席会议制度，负责研究解决森林保护发展中的重大问题，制定林业改革发展重大决策，搭建起部门联动平台，明确定期开展五级林长植树活动、各级林长"巡山护林"活动、设立林长制公示牌等新机制。明确建设智慧林长系统，构建贵州林业遥感数据应用平台，实现森林资源网格化管理。建立以森林、草原监管系统为主体的林草数据监管平台，结合卫星遥感影像、无人机技术，创新森林资源监督管理方式，实现全省森林资源动态监测管理。

此外，贵州省实行了"林长制＋大数据"一体化管理模式，各级林长通过"林管通APP"直观有效地对森林资源进行人防、技防、物防，实现人工巡护全员管理、全过程控制和全方位预防，将传统人工巡护模式提升到"互联网＋巡护"模式。护林员可以通过"林管通APP"记录巡山、巡林轨迹，遇到野外违规用火、偷砍盗伐等，能及时定位并上传信息，实现网络化巡护，形成"林"管人、人管林的管护模式，提升护林员管护能力、履职能力，促进森林资源管护责任的落实。全省将严禁火种进山、焚烧秸秆、堆土烧肥，捕杀、药杀野生动物和乱挖野生植物，严禁乱砍滥伐等约束条款纳入村规民约，禁令上墙、广泛宣传，增强村民护林意识，实现林长制生活化、制度化、常态化。

第四节
山东省

一、背景

为深入践行习近平生态文明思想，建立健全森林等生态资源保护的长效机制，推进生态山东、美丽山东建设。2018年，山东省在日照市、临沂市和淄博市博山区试点推行林长制改革，积极推行建立省、市、县（区）、乡镇（街道）、村（社区）五级林长制体系。

山东省委、省政府对建立林长制工作高度重视，省领导多次就林长制工作作出批示，要求研究制定山东省全面建立林长制的实施意见。山东省自然资源厅在学习借鉴安徽、江西等省份先进经验的基础上，结合自然资源特点和个别市县的探索实践，参照河（湖）长制的做法，起草了《关于全面建立林长制的实施意见》，2019年7月25日，山东省政府印发了《关于全面建立林长制的实施意见》，全面建立省、市、县（区）、乡镇（街道）、村（社区）五级林长制体系，构建责任明确、协调有序、监管严格、保障有力的保护管理新机制。

二、特点

山东省将全省森林资源全部纳入林长制管护网格，省市县分级确定重点区域。省级林长带头到责任区域巡查调研，现场解决问题，推动泰山、蒙山、崂山、昆嵛山4个重要生态区域率先完成区域划界，落实管护责任。

三、内容

（一）分级设立林长

全省设立总林长，由省委书记、省长担任。省委副书记、常务副省长、分管副省长为副总林长。在泰山、蒙山、崂山、昆嵛山等重要生态区域设立省级林长，由省级领导担任。总林长和副总林长分别兼任省级林长。所涉及市、县（市、区）、乡（镇、街道）负责同志分别担任相应林长。

省、市、县（市、区）设立林长办。省林长办设在省自然资源厅。市、县（市、区）总林长、副总林长、林长及林长办可参照省级组织形式设置。乡（镇、街道）、村（居、社区）设立林长和副林长。

（二）建立部门协作机制

省、市、县（市、区）分别建立林长制部门协作机制。省林长制责任单位为省委、省政府有关部门。省林长制责任单位分别明确1名负责同志为成员，确定1名处级干部为联络员。市、县（市、区）林长制责任单位由同级党委、政府根据实际需要确定。省、市、县（市、区）分别建立林长制协作会议制度，会议原则上每年召开不少于1次。重大事项，总林长、副总林长随时召开专题会议研究。

（三）林长工作职责

省总林长负责组织领导全省森林等生态资源保护发展工作，对全省各级林长制工作实施总督导。省副总林长负责协助总林长工作。省级林长负责组织领导责任区内森林等生态资源保护发展工作，牵头组织协调解决突出问题。省林长办负责林长制的组织实施工作。市、县（市、区）、乡（镇、街道）、村（居、社区）级林长的具体职责由各地自行明确。

（四）主要任务

一是加强生态资源保护，健全保护制度，落实保护责任，实施系统保护。把森林、湿地等生态资源保护发展纳入国民经济社会发展规划和国土空间规划，明确发展目标，划定保护区域，落实保护措施。

严守生态保护红线，开展勘界定标工作，严格落实国土空间用途管制制度。严禁以各种名义侵占林地、湿地，清理整治乱占滥用等突出问题。严格控制建设项目使用林地、湿地和自然保护地，加强事中事后监管。落实森林等生态效益补偿制度，探索建立湿地生态、珍稀濒危树种种质资源保护和古树名木保护等补偿制度。加大森林灾害防治力度，建立森林防火热点监控和虫情光谱监控平台，健全森林防灾减灾体系。组建专业扑灭火队伍和护林员队伍，加强基础设施、物资储备建设。森林防火任务较重的城市，要积极配备直升机，提升森林火灾防控能力。

二是加快国土绿化和生态修复。统筹治理、系统修复，维护生态系统的完整性，不断增强生态功能。科学编制森林、湿地生态保护和发展规划并组织实施。在沿路、沿岸建设完善防风固沙、防水土流失、防汽车尾气、防海雾、防噪声等"五防"生态林带，实现林木田成网、路成行、岸成荫，实现乡村绿化、美化。扎实推进荒山荒滩绿化，开展湿地等生态保护修复工程，加强采煤塌陷地和矿山地质环境综合治理。

三是推进生态资源合理利用。坚持资源集约节约利用方针，科学合理利用森林、湿地等各类生态资源。加快建立森林、湿地等自然资源资产产权制度。推进森林抚育经营管理，实施森林质量精准提升工程，强化森林生态服务功能。推进林业产业化，发挥市场配置资源的决定性作用，积极发展林果、种苗花卉、森林旅游康养等特色产业，实现森林等生态资源的良性可持续发展。

四是强化生态资源科学管理。依靠现代科学技术，持续提升生态资源保护能力和管理水平。支持科学技术研究和新技术推广应用，提高森林、湿地等生态资源保护管理的信息化、智能化、精细化水平。

建立网格化管理体系，逐地逐片落实管理主体，确保林地、湿地和古树名木都有林长或具体管护人员负责管理。推广实行"民间林长"等有效做法，建立奖励等有效激励机制，促进形成有效社会监督体系。

加强监测能力建设，加快建设全省森林、湿地资源"一张图""一套数"的动态监测体系，提高监测时效性和数据准确性。

五是严格执法监督。推动生态资源保护管理法治化规范化。严格执行国家法律法规，健全完善森林、湿地等方面的相关政策，确保管理保护工作有法可依、有章可循。建立日常监管制度，实施森林、湿地管理保护联合执法，严肃查处破坏林业生态资源的各类违法行为。

完善行政执法与刑事司法衔接配合机制，严厉打击乱砍滥伐林木、乱捕滥猎野生动物、乱采滥挖野生植物、乱占滥用林地、破坏湿地和自然保护地等行为。加强领导干部自然资源资产离任审计，切实落实森林等生态资源保护发展的责任。

四、成效

2019年7月25日，山东省政府印发《关于全面建立林长制的实施意见》，全面建立省、市、县（区）、乡镇（街道）、村（社区）五级林长制体系，构建责任明确、协调有序、监管严格、保障有力的保护管理新机制。截至2019年底，全面完成了省、市、县（区）、乡镇（街道）、村（社区）五级林长制体系构建任务。全省共设林长110369名，其中省级5名、市级131名、县级1617名、乡级13929名、村级94687名。山东省是继安徽省、江西省之后，全面推行林长制改革的省份之一。

第五节
山西省

一、背景

为建立健全森林资源保护和发展长效机制，全面提升林业治理体系和治理能力现代化水平，全力推进美丽山西建设，山西省委、省政府决定在全省全面推行林长制。林长制改革的创建、落实、探索过程，以生态修复工程、天然林保护工程、集体林权制度改革等基础工作为根本，通过学习借鉴、不断创新，基本形成了党政同责、分级管理、部门协同、社会参与的运行机制。

在2020年1月召开的山西省十三届人大三次会议上，林长制首次写进山西省政府工作报告。2020年8月24日，山西省委、省政府印发《关于全面推行林长制的意见》（以下简称《意见》），在全省范围内全面实施林长制，构建责任明确、协调有序、监管有力、奖惩严明的省、市、县（区）、乡镇（街道）、村（社区）五级林长制体系。坚持绿化彩化财化同步推进、增绿增景增收有机统一，以推进森林资源保护和发展为目标，以解决重点难点问题为抓手，进一步健全最严格的森林资源保护制度，实现生态效益和经济效益有机统一。

二、特点

山西省明确建立严格生态保护制度、加强灾害防控力度、大力开展国土绿化、提高森林质量效益、持续深化改革创新、强化森林资源监管等6项主要任务。各级林长重点负责抓总纲、解难题、压责任，帮助各级林草部门解决自身难以解决的问题，统筹推动森林资源保护和发展各项工作。上级林长对下级林长进行考核，重点对责任区域内森林资源总量、增量和质量进行综合评价，考核结果作为对领导干部奖惩的重要依据。同时，建立林长制信息公开制度，加强各级林长档案动态管理，通过向社会公布林长名单、在各责任区域显要位置竖立林长公示牌、公布监督举报电话等方式，接受社会监督。

全省11个市已经全部出台贯彻落实意见，建立市级林长组织体系，各县（区）也在积极推进。省直九大国有林管理局发挥林长制改革"先锋队""排头兵"作用，制定落实意见，以横向到边、纵向到底的省直林业局林长体系坚决护佑弥足珍贵的森林资源。

三、内容

（一）组织体系

省级林长设置：省级设立总林长、副总林长和林长，其中总林长由省长担任，副总林长由相关副省长担任，林长由各位副省长担任，责任区域为1～2个市和省直国有林管理局。

市、县、乡、村级林长设置：市、县两级分别设立总林长、副总林长和林长，其中总林长、副总林长参照省级设置，林长结合本地区实际按行政区域和国有林管理单位设置，由同级政府负责同志担任。乡级设置林长、副林长，林长由同级政府主要负责同志担任，副林长由同级政府其他负责同志担任。村级设置林长，由村委会主任担任。

国有林管理单位林长设置：省林草局设置省直林长和副林长，分别由局长和其他负责同志担任。省直各国有林管理局及其所属国有林管理单位设立林长和副林长，分别由行政正职和其他负责同志担任。市县所属国有林场、自然保护区、森林公园、湿地公园等国有林管理单位设置林长和副林长，分别由行政正职和其他负责同志担任。

（二）运行机制

建立部门协作机制：推动部门分工协作，形成在总林长领导下的部门协同、齐抓共管的工作格局。省、市、县三级林长制成员单位包括：组织、宣传、编制、发展改革、公安、财政、自然资源、生态环境、住建、交通、水利、农业农村、应急管理、市场监管、统计、气象、林草等部门。

建立林长会议制度：省、市、县三级分别建立林长会议制度，协调解决森林资源保护和发展中的重大问题。林长会议由总林长或总林长委托副总林长召集，总林长、副总林长、林长和林长制成员单位主要负责同志参加，原则上每年召开不少于1次。

设立林长办：省、市、县三级分别设立林长办。办公室设在同级林草部门，办公室主任由同级林草部门主要负责同志担任。

（三）工作职责

林长职责：省级总林长负责组织领导全省森林资源保护和发展工作，研究决定全省林业和草原发展重大事项，定期检查省内重点生态区域，对全省林长制工作实施总督导。省级副总林长负责协助省级总林长开展工作，督促有关部门协作完成林业和草原发展重点工作，协调解决具有普遍性的涉林问题。省级林长在责任区域内负责督导森林资源保护和发展工作，协调解决影响重大涉林问题，定期检查资源保护、国土绿化、护林防火等重点工作，监督下级林长履职尽责。市、县、乡、村级林长以及国有林管理单位林长工作职责参照省级林长工作职责，结合本地区本单位实际予以明确。

林长办职责：负责林长制日常工作，承担召开林长会议，协调各成员单位贯彻落实林长会议决策部署，制定林长制年度任务清单，组织林长制督查检查和年度考核，督促林长制各项工作任务落实，定期向同级总林长、副总林长和林长汇报等相关工作。

（四）主要任务

森林资源保护和发展各项任务由各级林长负责统筹协调，林长制成员单位密切配合，各市、县(市、区)政府具体落实。

1.严格生态保护制度

严守生态保护红线，严格用途管制，严控林地、草地、湿地等生态用地转为建设用地。整合优化现有各类自然保护地，建立以国家公园为主体的自然保护地体系。建立禁牧、休牧和轮牧制度，严禁在新造林地、未成林地、封山育林区等重要生态区域放牧，在天然草原、高山草甸等区域严禁休牧期放牧和轮牧区超载过牧。严格落实天然林和湿地保护修复制度。加强生态公益林管护，加快建立健全地方生态公益林补偿制度。探索制定地方性草原生态补偿制度。

2.加强灾害防控力度

严格落实森林草原防火属地管理责任，建立健全联防联控机制，严格管控野外用火，强化森林草原消防专业队伍建设，加大火灾案件查处力度，不断完善森林草原防火体系，提高防灭火能力水平，防止发生重特大森林草原火灾和重大人员伤亡事故。加强森林草原有害生物灾害、预测、预警、预防，重点防控松材线虫病、美国白蛾等重大有害生物入侵，严格控制有害生物成灾率。严格野生动植物栖息地、原生地的保护和修复，加强野生动物疫源疫病监测防控，维护生物多样性。

3.大力开展国土绿化

统筹实施太行山、吕梁山生态系统保护和修复重大工程，加快荒山荒坡生态治理，加强草原生态保护修复，构建黄河防护林、黄河流域防护林和环京津冀生态屏障体系。结合乡村振兴战略，开展乡村绿化美化行动，积极推进森林城市、森林乡村建设。创新国土绿化新机制，引导市场主体和社会资本参与。广泛开展全民义务植树活动，积极推进部门(系统)绿化，构建形成全社会共建共享的国土绿化新格局。支持扶贫攻坚造林专业合作社全方位参与林业生态建设，拓宽经营渠道，带动贫困群众长期稳定脱贫增收。

4.提高森林质量效益

注重乔灌草合理配置，大力营造针阔混交林，推广优良乡土珍贵树种，加强质量监督管理，全面提高国土绿化质量。科学开展森林抚育、退化林改造、退化草原修复和未成林抚育管护，精准提升森林草原质量。加快林区道路、通信等基础设施建设，提高路网密度，打造智慧林区。推进经济林示范园区建设，实施经济林提质增效，着力发展特色经济林、林下经济、森林旅游康养、种苗花卉、用材林和林产品精深加工，提高森林资源经济效益。

5.持续深化改革创新

深化集体林权制度改革，加快集体林权流转交易，增加农民资产性收益。推进草原承包经营制度改革，提高草原资源利用效率。健全完善林权抵押质押贷款制度，引导金融资本和社会资本参与森林资源保护与发展。建立森林资源资产有偿使用制度，探索自然保护地控制区经营性项目特许经营。巩固国有林场改革成果，积极推动省直国有林局与地方合作，探索市县国有林场委托省直国有林局管理。扎实推进政策性森林保险工作，落实商品林保险政策。

6.强化森林资源监管

严格执行国家法律法规，健全完善相关政策制度，确保森林资源保护和发展有法可依、有章可循。建立日常监管制度，加强森林草原执法工作，建立行政执法与刑事司法衔接工作机制，规范联席会议、违法犯罪线索移送、案件移交、信息共享、检验鉴定、联合执法制度，严厉打击破坏森林资源违法犯罪和破坏林区野生动植物资源违法犯罪。做好森林督查、森林资源年度清查和森林资源管理"一张图"年度更新等工作，提高森林资源监督管理水平。加强领导干部自然资源资产离任审计工作，落实森林资源保护和发展责任。

（五）保障措施

1.加强组织领导

各级党委和政府是推行林长制的责任主体，各级林长重点负责抓总纲、解难题、压责任，帮助各级林草部门解决自身难以解决的问题，统筹推动森林资源保护和发展各项工作。

2.强化督查检查

各级林长要坚持目标导向，采取"四不两直"的方式，对照年度任务，建立督查清单，加强日常检查，推动任务完成；坚持问题导向，针对重点工程、重要事项、重大问题开展重点督查，建立督查台账，进行挂牌督办，解决重点难点问题；转变工作作风，带头深入基层一线调研指导，推动责任区域森林资源保护和发展工作科学有序发展。

3.严格考核奖惩

制定林长制考核办法，上级林长对下级林长进行考核，重点对责任区域内森林资源总量、增量和质量进行综合评价，考核结果作为对领导干部奖惩的重要依据。对不作为、懒政怠政甚至造成生态环境损害的，严格按照有关规定追究责任；对有突出贡献的，按照有关规定给予表彰奖励。

4.深入监督宣传

建立林长制信息公开制度，加强各级林长档案动态管理，通过主要媒体向社会公布林长名单，在各责任区域显要位置竖立林长公示牌，公布监督举报电话，主动接受社会监督。加强生态文明宣传教育，大力弘扬"右玉精神"，增强保护发展意识，激发社会各界投身森林草原生态建设热情。

四、成效

山西省委、省政府印发的《意见》以推进森林资源保护和发展为目标，以解决重点难点问题为抓手，构建责任明确、协调有序、监管有力、奖惩严明的省、市、县（区）、乡镇（街道）、村（社区）五级林长制体系。《意见》印发后，山西省林业和草原局第一时间召开局长办公会议，传达贯彻省委常委会议关于林长制改革的部署要求，研究落实具体举措，进一步做实做细林长制改革工作。

山西省林长制的建设，以制度建设为抓手，生态环境初步改善，资源初步保护，产业富民初步实现，治理效能初步提升，掀开了林业草原融合发展的新篇章。通过全面推行林长制，山西省预计到2025年全省森林覆盖率将达到26%以上，森林蓄积量将达到1.69亿立方米，草原综合植被盖度将达到73.5%，湿地保护率将达到55%，全省70%以上的可治理沙地得到治理，资源综合保护能力显著提高，宜林荒山荒坡实现基本绿化，完成自然保护地优化整合，基本形成布局合理、结构优化、功能完善的森林资源保护和发展体系，林业治理能力和治理水平全面提升，生态服务功能更加完善，生态质量效益更加显现，生态产品供给更加丰富，实现绿水青山与金山银山的有机统一。

第六节
重庆市

一、背景

重庆市地处长江上游和三峡库区腹心地带，是长江上游生态屏障的最后一道关口，因此，探索实施林长制是重庆保护好长江母亲河、筑牢长江上游重要生态屏障的一项重要举措。2018年，为破解森林资源保护面临的难题，重庆市在南岸区率先启动林长制试点，围绕"建制、护山、严控、美颜、增绿"开展工作，不断完善体制机制。2019年7月，重庆市委办公厅、市政府办公厅印发通知，决定从2019年7月至2020年6月，在主城区缙云山、中梁山、铜锣山、明月山"四山"涉及的江北区、沙坪坝区、九龙坡区、大渡口区、南岸区、北碚区、渝北区、巴南区以及联系紧密的江津区、璧山区、三峡库区和大巴山、七曜山、大娄山涉及的万州区、綦江区、巫山县、石柱县等14个区县探索开展林长制试点，大力推动森林保护与发展。

二、特点

重庆市围绕"林长"抓改革，聚焦"山上"抓提升，紧扣"基层"抓落实，建立林长制责任体系、生态建设发展机制、生态破坏问题发现机制、突出问题整治机制、工作考核评价机制和发展规划引领的"5+1"治理机制。构建"1+3+N"管控机制（"1"指区级林长制总方案；"3"即结合中梁山、铜锣山、明月山实际情况分别制定子方案，明确重点整治、保护修复等任务；"N"包括国土绿化提升、"双十万工程"、违法建筑综合整治、山水林田湖草生态保护修复工程等在内的多个专项工作方案），筑牢生态资源保护屏障。

三、内容

（一）总体要求

以习近平新时代中国特色社会主义思想为指导，全面贯彻党的十九大和十九届二中、三中、四中、五中全会精神，深学笃用习近平生态文明思想，深入落实习近平总书记视察重庆重要讲话和批示指示要求，认真践行新发展理念，在全市全面推行林长制，统筹山水林田湖草系统治理，明确各级党政领导干部保护发展森林、草原等生态资源（以下简称山林资源）目标责任，构建党政同责、属地负责、部门协同、源头治理、全域覆盖的长效机制，切实筑牢长江上游重要生态屏障，加快建设山清水秀美丽之地，努力在推进长江经济带绿色发展中发挥示范作用。

（二）工作原则

坚持生态优先，保护为主。 全面落实森林法、草原法等法律法规，建立健全最严格的山林资源保护管理制度，加强生态保护修复，维护生物多样性，不断增强山林生态系统稳定性。

坚持绿色发展，生态惠民。 学好用好"两山论"，走深走实"两化路"，统筹山林资源保护与发展，在保护中科学利用，在发展中加强保护，不断满足人民群众日益增长的优美生态需求，提供更多优质的生态产品和生态服务。

坚持问题导向，综合治理。 针对不同区域山林资源特点和突出问题，坚持分类指导、属地管理、精准施策、综合治理，全面提升山林资源的生态、经济、社会功能。严格管控山林资源，依法严厉打击各类破坏生态环境的违法犯罪行为，建立健全山林资源保护管理长效机制。

坚持党委领导，部门联动。 加强党委领导，建立健全以党政领导负责制为核心的责任体系，实行党政主要负责人负总责、相关负责人分（片）区域负责，层层压实责任。强化部门联动，统筹各方力量，构建一级抓一级、层层抓落实的工作格局。

（三）工作目标

到2021年底，基本建立起市、区县（自治县）和两江新区、重庆高新区、万盛经开区（以下统称区县）、乡镇（街道）、村（社区）四级林长和网格护林员的"4+1"林长制责任体系，实现全市林长制管理责任全覆盖。同步建立健全山林资源保护发展、山林资源损害问题发现与整治、林长制绩效考核评价等工作机制，完善相关治理体系。

到2025年，全面构建起责权明确、协调有序、保障有力、监管严格、运行高效的山林资源保护发展机制，森林数量、森林质量和山林资源综合效益显著提升；中心城区"四山"、自然保护地等重点区域生态保护全面加强；"两岸青山·千里林带"生态修复工程、市场化多元化生态补偿机制等重点领域取得明显成效；防控森林草原火灾，防治林业有害生物，严厉打击违法侵占山林资源行为，全市森林覆盖率达到57%左右，森林蓄积量达到2.8亿立方米，自然保护地占全市辖区面积16%以上，森林火灾受害控制率

0.03%以内，林业有害生物危害尤其是松材线虫病疫情逐年减轻。

（四）组织体系

市、区县、乡镇（街道）、村（社区）设立四级林长，充实网格护林员队伍，建立完善四级林长+网格护林员责任体系，通过强化各级领导责任，推动山林资源保护发展目标任务和工作措施落地落细落实。

全市设立总林长，由市委、市政府主要负责同志担任，是全市实施林长制的总指挥、总督导；设立副总林长（根据工作需要设立），实行分区（片）负责；在中心城区"四山"（即缙云山、中梁山、铜锣山、明月山）设立市级林长，由市政府相关领导同志担任，以山为界督促指导相关区域实施林长制工作。

在各区县、乡镇（街道）设立辖区林长，分别由同级党委、政府主要负责同志担任。各区县结合实际，可设立片区林长，由区县级领导担任，实行分区分片负责。设立村（社区）级林长，由村（社区）党组织书记担任。辖区林长作为属地实施林长制的责任主体。

以天保护林员、生态护林员、公益岗位护林员等为依托，动员广大社会力量参与，建立完善网格护林员队伍，对山林资源实现网格化管理，按网格责任区域落实巡山护林责任，及时发现并报告森林草原火险、林业有害生物、各类破坏山林资源和乱捕滥猎野生动物等情况。

（五）工作职责

1.林长职责与工作报告制度

各区县综合考虑区域、资源特点和自然生态系统完整性，科学确定林长责任区域。市、区县、乡镇（街道）林长组织领导责任区域山林资源保护发展工作，落实保护发展山林资源目标责任制；组织制定实施山林资源保护发展规划、年度工作计划，强化统筹治理，推动制度建设，完善责任机制；组织协调解决责任区域的重点难点问题，依法保护山林资源；组织落实山林资源防灭火、重大林业有害生物防控责任和措施，强化林业行政执法。

市级林长每年1～2次率队巡查责任区域山林资源，督导检查林长制实施情况。区县辖区林长每半年至少1次率队巡查辖区山林，协调解决山林资源保护发展中的重大问题。乡镇（街道）辖区林长每季度至少1次率队巡查辖区山林，及时处置山林资源保护发展中的具体问题；村（社区）级林长巡林发现的问题及时向乡镇级林长报告。各级林长要加强对辖区林长制工作的调研、督导，及时处置巡山护林中发现的各类问题。各区县林长每年向市总林长报告辖区林长制贯彻落实情况。

2.市、区县林长制工作办公室职能职责

全市总林长办公室设在市林业局。中心城区"四山"林长办分别设在市级林长分管的市级部门（由市级林长指定）。各区县林长办公室设在区县林业部门。林长办负责组织实施林长制日常工作，加强综合统筹协调，定期向本级林长报告工作情况。

（五）重点任务

1.建立落实山林资源保护发展机制

各区县围绕长江经济带生态优先绿色发展、成渝地区双城经济圈生态廊道建设，加强生态保护修复，大力推进国土绿化，着力提升森林数量、森林质量与综合效益。

严守生态保护红线，实行最严格的山林资源保护管理。 加强山林资源监测管理，不断完善山林资源"一张图""一套数"动态监测体系，提升山林资源保护发展智能化水平。加强重点生态功能区和生态环境敏感脆弱区域的山林资源监管，加强森林、草原和生物多样性保护，严格落实天然林保护制度，严格控制林地、草地转为建设用地。加强公益林管理，全面停止天然林商业性采伐，完善森林生态效益补偿制度。强化野生动植物及其栖息地和古树名木保护。认真贯彻落实市委、市政府《关于科学建立自然保护地体系的实施意见》，整合优化现有各类自然保护地，科学精准设立自然保护地，严格监管自然保护地人类活动问题。开展生态系统保护成效监测评估。落实区县政府行政首长负责制，严防森林、草原火灾，建立健全重大林业有害生物监管和联防联治机制，严格控制以松材线虫病疫情为重点的林业有害生物危害。

持续推进生态修复，不断提高山林资源生态质量。 依据国土空间规划，科学划定生态用地，持续推进大规模国土绿化，实施重要生态系统保护和生态修复重大工程，突出抓好"两岸青山·千里林带"、国家储备林、天然林保护、退耕还林等重大生态工程。建立和完善造林绿化后期管护制度和投入机制，提高造林成活成林率。高质量建设大江大河流域生态廊道、自然山体生态屏障和高速公路、铁路等生态通道，增强各类生态项目在水土流失治理、水源涵养保护、丰富生物多样性、治理面源污染、减灾防灾等方面的生态防护功能，逐步提升生态品质。加快推进成渝地区双城经济圈国家森林城市、全国绿化模范区县创建活动。落实部门绿化责任，创新义务植树机制，提高全民义务植树尽责率。大力推进乡村绿化美化，构建大尺度绿色生态屏障区，逐步形成宜居、宜业、宜游高质量森林城市群生态体系。

深化林业改革，推动生态产业惠民。 巩固扩大国有林场改革成果，加强森林资源资产管理，推动林区林场可持续发展。深化集体林权制度改革，鼓励各区县在所有权、承包权、经营权"三权分置"和完善产权权能方面改革探索。突出生态价值转化，加快建立生态产品价值实现机制，打通"绿水青山就是金山银山"的转化通道，实现生态惠民。积极推进生态产业化和产业生态化，促进森林资源"三产"融合发展。加强森林分类经营、森林抚育和退化林修复，因地制宜发展木本油料、笋竹、中药材、特色经果林、林产品精深加工、生态旅游康养等绿色富民产业。实施生态产品品牌战略，引导龙头企业通过新业态开拓、新产品开发、新成果转化，实现生态产业升级发展。科学利用山林资源，巩固拓展脱贫攻坚成果同乡村振兴有效衔接，建立利益联结机制，让更多的绿水青山转化为金山银山，实现生态美、产业兴、百姓富的有机统一。

2.建立落实山林资源损害问题发现与整治机制

针对不同区域山林资源特点和突出问题，坚持综合治理、系统治理、源头治理，及时全面发现问题，规范有效整治问题。发挥问题整改教育警示作用，让破坏生态环境者付出相应代价。

建立健全问题发现机制。坚持问题导向，拓宽山林资源损害问题采集渠道，健全监测预防网络，构建全方位、常态化的山林资源损害问题发现机制。一是全面加强网格护林员日常巡护。充分利用巡护信息管理系统，明确网格护林员最低上线率，确保网格护林员在岗在位、认真履职。对重点生态功能区、生态环境敏感脆弱区域及节假日等重点时段，增设检查哨卡，增加上岗护林员，延长巡护时间，加大巡查检查力度，严防新增生态破坏点。二是加强重点问题明察暗访。针对各区域山林资源保护存在的重点、难点问题，市、区县林长办适时组织明察暗访，做到问题早发现、早处置。积极探索"民间林长"等有益做法，扩大发现破坏山林资源违法行为线索的来源渠道。三是强化社会监督和新闻媒体舆论监督。通过公布举报热线、微信公众号等方式，积极发动群众举报各类破坏山林资源违法违规行为。充分运用报刊、广播电视、网络及新媒体，引导更多群众知晓、参与和监督。四是建立人大、政协监督长效机制。将林长制工作列入人大工作监督和法律监督、政协民主监督事项，开展专题调研、视察，依法履职监督。

建立落实问题整治机制。明确生态环境问题整治工作责任，规范流程、明确界限、依法处置、提高效率，逐步消除存量问题，坚决遏制问题增量。一是建立健全工作规范。明确问题核实交办、处置整改、验收销号等工作流程，实行问题整治项目化、清单化管理，建立"接、转、办、督、核"问题整治工作闭环。二是明确政策界限，实行分类处置。统筹保护生态与保障民生，协同整治现实问题与历史遗留问题，对能够立即整改的，立行立改、迅速到位；需要阶段推进的，明确阶段目标，打表整改到位；需要长期坚持的，利用建章立制固化好经验、好做法，建立长效机制。三是强化依法治林。严格执行法律法规，建立健全林业执法体系，加强林业行政执法能力建设，严厉打击破坏山林资源违法犯罪行为。

3.建立落实林长制绩效考核评价机制

各级林长对本区域山林资源保护发展目标负总责，探索建立山林资源保护发展指标量化、考核公开、评价客观的绩效考核评价机制，探索开展林长制实施情况第三方评估。将森林覆盖率、森林蓄积量、草原综合植被覆盖度等列入各级林长责任制目标考核指标，同时列入领导干部自然资源资产离任审计的内容。结合党政领导任期目标考核，区县级及以上林长负责组织对下级林长的考核，考核结果作为地方党政领导班子综合考核评价和干部选拔任用的重要依据，对工作突出、成效明显的予以通报表扬，对工作不力的责成限期整改。实行生态环境责任终身追究制，对造成山林资源严重破坏的，严格按照有关规定追究责任。

（六）保障措施

1.加强组织领导

各区县党委、政府是全面推行林长制的责任主体，要把林长制作为推进生态文明建设的重要举措，狠抓责任落实。要抓紧细化并制定出台辖区林长制工作方案、实施"路线图"、机制措施和考核办法，建立健全林长会议制度、林长巡林制度、信息公开制度、部门协作制度、工作督查制度。加强实施林长制工作力量，保障必要的工作经费，做到组织体系和责任落实到位、制度和政策措施到位、督促检查和考核到位。市林长办要加强综合统筹协调，督促指导林长制各项重点工作落实到位。

2.强化能力建设

以国土空间规划为依据，统筹国土生产生活生态空间布局、产业布局、基础设施布局，编制落实市、区县山林资源保护发展规划或实施方案，并纳入"十四五"经济社会发展规划内容。建立市场化、多元化资金投入机制，完善生态保护修复财政扶持政策，落实绿色金融支持政策，加大重点生态区位生态补偿力度，推进山林资源市场化生态补偿改革。加强乡镇林业工作站能力建设，强化对网格护林员等管护人员的培训和日常管理。加强重点林区道路、水利、通信等基础设施建设，以及森林草原防灭火监测、林业有害生物防治基础能力建设。加强科技创新、新技术应用和科技服务，加快推进"智慧林长"建设，提高生态资源监测监管的信息化、智能化、精细化水平。因地制宜设立山林警长制，建立行政执法与刑事司法衔接工作机制，不断强化执法效能。

3.注重宣传引导。

建立林长制信息发布平台，通过报纸、电视和网络等媒介向社会公告林长名单，在责任区域显著位置设置林长公示牌。每年公布山林资源保护发展情况。加强生态文明宣传教育，增强全社会保护改善生态环境的责任意识和参与意识，营造全民知晓、支持和推进林长制工作的社会氛围。

四、成效

通过林长制试点，重庆市找准提升生态功能的方向和路径，各区细化制定了分区"四山"保护提升实施方案，编制完成国土绿化行动实施方案、违法建设综合整治方案、森林防火规划等专项工作规划。积极开展国土绿化行动，强化森林防火体系建设，实施矿山修复治理，发展林下经济，着力提升生态系统修复防护能力。

截至2021年1月，通过林长制试点方案，重庆市各区共完成国土绿化8万亩，实施废弃矿山修复治理26处，清理松林9.2万亩，除治疫木11.2万株。各区还通过打造亮点工程，发挥林长制改革示范效应。渝北区启动"双十万工程"，明月山计划实施4.8万亩，已完成生态造林2.5万亩、经果林发展1.4万亩。江北区建设森林防火瞭望监测系统，实现全域森林火情监测无盲区。启动新建停机坪1处，拟新建森林防火公路5条，总长10.53千米。南岸区重点打造853亩国家级马尾松、木荷林木良种基地。巴南区计划完成农村"四旁"植树1200亩，农田林网和特色经济林2.3万亩，森林抚育2.2万亩，实现农林产业高质量发展400亩。

第七节
其他省（自治区、直辖市）

一、北京市

2021年3月，北京市委、市政府印发《关于全面建立林长制的实施意见》（以下简称《意见》）。《意见》明确了北京市林长制工作目标。2021年底，市、区、乡镇(街道)、村（社区）四级林长制责任体系全面形成，各项制度基本建立。到2025年，全面建立责任明确、协调有序、监管严格、运行高效的园林绿化资源保护发展机制，生态系统完整性、连通性明显提升。到2035年，绿色生态空间保持稳定，生态系统质量和功能效益显著提高，生物多样性更加丰富，林长制制度体系更加完善，园林绿化治理能力和治理水平全面提升。

全市设立市、区、乡镇（街道）、村（社区）四级林长。设立市、区、乡镇（街道）林长办，承担林长制组织实施的具体工作。市、区级林长办设在同级园林绿化主管部门，部门主要领导担任办公室主任，同级相关单位为成员单位，其分管领导为办公室成员。乡镇（街道）林长办设在履行园林绿化资源管理相关职责的部门。各林长负责责任区域内森林林地、公园绿地、湿地、野生动植物和古树名木等园林绿化资源的保护发展工作。其中，湿地保护管理坚持林水相依、林田相融，与北京市河湖长制责任区域全面对接、不重不漏，实现湿地保护全覆盖。

《意见》明确了要建立调度、巡查、督察、考核、信息共享和报送制度。主要工作任务包含以下8个方面：一是全面建立目标责任制。各级林长分级负责，逐级签订园林绿化资源保护发展目标责任书。将林长制组织体系建设、各项制度落实、工作任务完成和执法监督等情况，以及衡量保护发展成效的森林覆盖率、城市绿化覆盖率、湿地保护率、林地保有量、森林蓄积量等重要指标纳入林长制目标考核体系，加强对林长制目标责任制落实情况的监督检查。二是严格园林绿化资源保护。全面落实北京城市总体规划和国土空间用途管控制度，严格落实本市林地、绿地、湿地等保护发展规划，严守生态保护红线，严格实行城市绿线管控。落实林地、绿地占补平衡制度和补绿还绿责任。加强湿地、野生动植物、古树名木等重要资源保护。建立自然保护地管理体系。严格落实森林防灭火一体化责任，加强有害生物防控，推进京津冀生态保护联防联控。三是加强生态系统科学治理。继续推进新一轮百万亩造林、宜林荒山造林、废弃矿山生态修复、留白增绿、城市森林等重大工程，协同推进环首都周边生态修复，持续拓展绿色生态空间。深入开展全民义务植树，推动创建国家森林城市，实施森林质量精准提升和资源保育工程，加快城市绿地生物多样性恢复。四是推进生态资源复合利用。统筹山水林田湖草综合治理，推进林与水、林与城、林与田复合利用、融合发展。发挥园林绿化资源多种功能潜力，大力发展生态旅游、森林康养、林下经济等绿色惠民产业，不断提升生态产品供给能力。五是提升园林绿化资源监管能力。完善园林绿化资源监测网络体系，建立资源管理"一张图"和应用管理监督平台，不断提升资源监管信息化水平。健全森林督查制度，完善森林督查体系，提高预警预判、有效发现和快速查处能力。加强资源监管基础建设，加大资金投入，充实监管力量，提升监管水平。六是严格执法监督管理。严格落实各项法律法规，完善森林资源保护管理、自然保护地等相关制度。加强市、区园林绿化行政执法队伍建设，强化园林绿化综合执法，完善部门联合执法机制。加大案件执法力度，严肃查处乱砍滥伐林木、乱捕滥猎野生动物、乱采滥挖野生植物、乱占滥用林地绿地湿地和自然保护地等违法行为。七是创新基层保护管理。利用科技和信息化手段，提升监管效率。加快建立网格化管理体系，明确林木绿地管护主体，全面落实管护责任。整合生态林管护资源，全面实行村(社区)级林长、林管员、护林员"一长两员"的末端管护模式，夯实管护责任"最后一公里"。强化乡镇(街道)绿化管理职责，确保责任到人。八是完善园林绿化资源保护政策。进一步深化集体林权制度改革，推广建立新型集体林场。建立完善生态公益林、湿地、自然保护地等生态保护补偿机制。研究制定绿色产业惠民扶持政策，制定森林经营管护、市民休闲游憩等配套服务设施用地政策。探索构建生态保护社会共建共治的新机制。

二、天津市

2021年4月，天津市委、市政府印发《关于全面建立林长制的实施方案》（以下简称《实施方案》）。

《实施方案》涵盖了总体要求、组织体系、工作职责、主要任务、保障措施5个方面内容。2021年底，全面建立天津市组织体系，构建由各级党政领导同志担任林长，建立市、区、乡镇（街道）、村（社区）四级林长的责任体系，全面负责相应行政区域内林草资源保护发展的管理机制，建立部门协作会商机制，健全完善林长制工作制度。到2025年，全市森林覆盖率达到13.6%以上，森林蓄积量达到550万立方米以上，湿地保护率达到50%。到2035年，全市森林面积、覆盖率等指标稳步提升，林草资源质量显著提高，林草生态系统功能更加完善，生物多样性更加丰富，基本实现林草资源治理体系和治理能力现代化。

天津市全面建立林长制主要有三方面特点。一是突出城市园林和农村林业资源一体化保护。天津为提升区域内森林覆盖率等指标，巩固城市绿化建设成效，将城市园林资源纳入林长制一体化保护。二是突出全域林草资源全面保护目标。充分考虑通过地方立法实施双城间绿色生态屏障区建设，以此为主线构建"大绿、大美、大生态"的生态格局，形成京津冀东部绿色生态屏障，将森林、园林、湿地和自然保护地、野生动植物及其栖息地、古树名木等实施全域全面保护。三是突出每一棵树都有"长"的管理全覆盖机制。在落实各级林长责任方面，为各级林长划分责任区域，实行责任区域清单式管理，逐地逐片、一树一园落实林长责任，实现管理全覆盖。

三、辽宁省

2020年7月，辽宁省下发《辽宁省开展林长制试点工作方案》（以下简称《方案》），同意在本溪市和朝阳市先行开展为期1年的林长制试点工作。按照《方案》要求，试点市全面建立了市、县、乡、村四级林长制体系。坚持党政同责，市（县）委、市（县）政府主要负责同志担任总林长，市、县各部门成立相应的工作机构，主要领导负总责，落实分管领导和具体经办人员，确保工作有利、有序、有效推进。

本溪市委、市政府制定印发了《关于建立林长制的意见》，本溪市林业和草原局成立了由局班子成员和有关责任科室负责人组成的7个林长制工作推进组，对接市级林长、协调对口县（区）做好责任区域林长制建设工作。针对巡林过程中发现的问题，一是形成了督办通知，有力地落实了森林资源保护责任，推进了生态建设和林业产业发展，提升了对森林防火和病虫害防治的重视，巩固了本溪市绿色发展的根基。二是部门联动、形成合力。试点市建立了林长制部门协调机制，强化部门协作，建立横向联动和纵向激励机制，督促相关部门按照职责分工，密切配合，履职尽责，形成齐抓共管的工作格局。三是严格考核、强化监督。试点市建立了各级林长制会议、工作督查督办、信息通报、考核等制度，明确市、县（区）总林长负责组织对下一级林长的考核，考核结果作为党政领导班子综合考核评价和干部选拔任用的重要依据。四是生态优先、绿色发展。试点市认真践行节约优先、保护优先、修复为主的新发展理念，积极推进林业供给侧结构性改革，大力发展林下经济、生态旅游、森林康养等绿色产业。把林长制工作与脱贫攻坚、乡村振兴有机结合起来，不断提升森林资源的三大效益。五是因地制宜、狠抓落实。试点市通过开展总林长、林长巡林和打击破坏森林资源违法犯罪等专项行动，全面加强自然保护地、天然林、生态公益林、野生动物、林地林木、森林防火、林业有害生物防治的保护管理工作。

朝阳市整合森林资源基层管护力量建立森林资源监管队伍和专职护林员队伍，构建行政村林长、基层监管员、专职护林员的"一长两员"森林资源源头管理架构，真正把森林资源保护发展的着力点延伸至源头、落实到山头地块，确保每一个山头、每一块林地均有林长、护林员、监管员，把责任压实到人、落实到山到树。

四、吉林省

2020年8月，按照山水林田湖草系统治理的要求，吉林省编制并印发《吉林省建立林（草）长制试点方案》（以下简称《方案》）。《方案》提出，组织林（草）长制试点的主要任务和内容是：通过建立林（草）长制，构建责任明确、协调有序、监管严格、运行高效的林草保护发展新体制机制，形成可复制成型模式，为面上推开做好制度性准备，有力推进生态保护修复和林草资源永续利用，充分发挥在全省经济社会发展中的基础保障作用。

《方案》从确立保护发展目标体系、建立保护发展制度体系和落实保护发展责任体系三个方面对试点任务进行阐述。围绕推进"1+6"国土绿化、"全民共建绿美吉林"活动月、林草保护三大行动、林区经济社会转型等重点工作，合理设定林草资源保护发展目标，探索科学的推进路径和实现方法；围绕加强生态保护红线、森林资源保护、草原保护修复、荒漠化综合治理、自然保护地保护管理等制度建设，结合试点林（草）长制相关工作制度，探索形成系统完备的保护发展制度体系；围绕落实保护发展森林资源目标责任制和考核评价制度，对森林资源的保护、修复、利用、更新进行监督检查，依法查处破坏森林、草原资源违法行为等责任的落实，以建立林（草）长制为抓手，探索建立齐抓共管的组织体系和责任体系。

吉林省林（草）长制试点工作将分级设市、县级林（草）长、乡级林（草）长和村（社区）林（草）长，并建立林（草）长制管理制度和工作制度。管理制度包括档案登记制度、信息公示制度、巡林（草）制度、信息通报制度、警示督办制度、会议制度、工作考核制度等。要建立林（草）长责任区信息档案，登记林（草）长职责、责任区范围、边界、面积等信息，记录其工作开展情况，做到履职情况可查、渎职责任可溯；在重点生态区位、重要交通卡口、破坏资源案件高发区域等位置设立永久性林（草）长信息公示牌，公布林（草）长信息、责任区域、职责内容及联系方式等内容，接受群众监督、举报；各级林（草）长要按规定开展巡林（草）活动，掌握责任区域林草资源保护发展情况。

五、福建省

2021年2月，福建省委、省政府印发《关于全面推行林长制的实施意见》，要求2021年年底全面建立林长制，并基本建立配套制度。根据实施方案，福建省将分级设立林长：省级设立总林长，由省委和省政府主要负责同志担任，设立副总林长，由省级负责同志担任；市、县两级设立林长与副林长；各县（市、区）根据实际情况，可设立乡、村两级林长。各级林长实行分区（片）负责，责任区域按行政区域划分，实现全覆盖，确保每座山、每片林不仅有制度管、有人管，而且管得牢、管得好，实现"林长治"。为推动林长制落地见成效，福建省建立完善林长会议制度、信息公开制度、部门协作制度、工作督查制度等配套制度。在部门协作方面，省、市、县三级建立林长制部门协作机制。同时，构建林长制考核指标体系并出台实施办法，考核结果列入各级政府绩效考评内容，作为有关党政领导干部综合考核评价和自然资源资产离任审计的重要依据。

六、湖南省

湖南是林业大省，是我国南方重点集体林区省份之一，林草资源非常丰富。2020年，湖南省选取靖州、石门、祁阳等地开展了林长制改革试点，探索了一些基本经验。2021年7月，湖南省委、省政府印发了《关于全面推行林长制的实施意见》（以下简称《实施意见》），就全省全面推行林长制工作进行了安排部署。《实施意见》提出了"建立完善的林长制工作体系和森林草原资源保护发展制度机制，实现森林草原资源'保存量、扩增量、提质量'，确保生态系统持续向好，不断满足人民群众对优美生态环境、优良生态产品、优质生态服务的需求，为实现碳达峰、碳中和作出积极贡献"的总体目标。

《实施意见》要求，全省全面建立省、市、县（区）、乡镇（街道）、村（社区）五级林长体系，构建起"省级统筹协调、市县分级负责、乡村具体落实"的林长制责任机制和"一长三员"(林长+护林员+监管员+执法人员)分区负责的网格化管护体系，并建立"天空地"一体化森林草原资源监测监管平台，不断提升林业治理体系和治理能力现代化水平。

《实施意见》明确省、市、县三级建立林长制部门协作机制，协作单位在林长的指挥协调下各负其责、各司其职，共同推进林长制工作。省、市、县、乡四级设立林长制工作办公室，负责林长制日常工作。规定了全面推行林长制的6项主要任务，包括加强森林草原资源生态保护、生态修复、灾害防控以及深化森林草原领域改革创新、加强森林草原资源监测监管、加强基层基础建设等。

《实施意见》强调，各级党委和政府是推行林长制的责任主体，要切实强化组织领导和统筹谋划，明确责任分工，细化工作安排，保障工作经费，狠抓责任落实，构建党政同责、属地负责、部门协同、源头治理、全域覆盖的长效机制;要强化督导考核，县级及以上林长负责组织对下一级林长的考核，考核结果列入各级绩效评估内容，作为有关党政领导干部综合考核评价和自然资源资产离任审计的重要依据;要落实党政领导干部生态环境损害责任终身追究制，对造成森林草原资源严重破坏的，严格按照有关规定追究责任。

七、广东省

广东省林业局深入贯彻党的十九大精神和习近平生态文明思想，高度重视山水林田湖草的系统保护管理，根据省委、省政府和国家林业和草原局工作部署，认真谋划推进林长制工作。2018年4月，广东省委在《关于加快推进新时代全面深化改革的若干意见》中提出"全面实施林长制"要求。同时，按照2018年全国林业厅（局）长会议部署，以及国家林业和草原局广州专员办"推动建立林长制落实各级党委政府保护发展森林资源责任"的建议，广东省林业局于2019年8月印发了工作方案，在粤东、粤西、粤北、珠三角地区分别选取平远县、化州市、翁源县、增城区4个县（市、区）开展林长制试点，探索建立县、镇、村三级林长制体系。

2021年1月22日，广东省召开全面推行林长制工作会议。会议提出，自2021年起，广东省将全面推行林长制，把建立林长体系作为第一任务，各市、县分别由党委主要领导同志兼任第一总林长、政府主要领导同志兼任总林长，到2021年底基本建立省、市、县、镇、村五级林长体系。会议要求，各地林业部门要加快推动林长制工作落地见效，在10月底前全面建立市、县、镇、村四级林长体系，加快出台林长制实施方案等政策文件，尽快健全工作机制，争取将全面推行林长制工作纳入当地经济社会发展规划，建立稳定的财政资金投入保障机制。

全面推行林长制将以"建设高质量绿美广东"为目标，着力构建粤港澳大湾区生态安全新格局，创造广东国土绿化新优势，打造广东自然保护地新高地，创建森林资源保护管理新局面，深化集体林权制度改革。全面推行林长制将以强化各级党政领导干部责任为核心，进一步压实各级党委和政府森林资源保护发展的主体责任，落实森林资源保护发展目标责任制。

目前，广东省林业局已全面启动推行林长制工作，成立了领导小组，组建了工作专班，初步完成"广东省智慧林长综合管理平台"软件开发。

八、广西壮族自治区

2018年4月起，广西壮族自治区林业局根据2018年全区农村工作会议和2018年全国林业厅局长会议的部署及自治区领导的批示精神，组织河池市、崇左市、来宾市金秀瑶族自治县、玉林市容县开展林长制试点工作。至2018年底，4个试点地区基本搭建起林长制组织体系和制度体系。

2019年3月，广西壮族自治区政府印发了《关于广西林长制扩大试点工作方案》（以下简称《方案》）的通知，决定深化并扩大林长制改革试点范围。深化试点的地区包括河池市、崇左市、玉林市容县、来宾市金秀瑶族自治县；新增试点区域包括南宁市武鸣区、南宁市横县、柳州市鹿寨县、桂林市兴安县、梧州市长洲区、北海市海城区、防城港市上思县、钦州市浦北县、贵港市平南县、百色市凌云县、贺州市八步区等11个县（区）整县（区）；各市（河池市、崇左市除外）未列为试点单位的县（市、区）要选取1个乡（镇）开展试点。

《方案》要求深化试点区域加快建立林长制，从2019年6月1日起，深化试点单位的工作重点是试行林长制，要根据实施情况不断地调整完善林长制，深入研究影响林长制推行的深层次问题，探索建立和完善林长制的成功经验。结合本地实际，根据林业生态建设需要，明确一批重点生态工程，以实施林长制为契机，加快推进林业重点项目和重点工作，推动林业生态建设和林业改革发展迈上新台阶。

《方案》要求新增试点区域建立林长制组织体系，要设立县（区）、乡、村三级林长。县级设立总林长，由县（区）主要负责同志担任总林长。县级总林长下设林长和总林长办公室，县级林长由县（区）人民政府分管林业工作的负责同志担任，也可根据需要增设其他负责同志为林长。总林长办公室林长办设在县（区）林业行政主管部门，办公室主任由县（区）林业行政主管部门负责同志担任，办公室成员从相关部门抽员组成。乡（镇）林长由乡（镇）主要负责同志担任，乡（镇）领导班子其他成员任副林长。村级林长由村委会主任担任。只选取1个乡（镇）开展试点的县（市、区），要在试点乡（镇）设立乡、村两级林长。

各级林长的责任范围包括各自责任区域内的林地、湿地和绿化覆盖区。各级林长的责任区域划分，按行政区划或单位隶属关系确定，以落实属地管理责任为主。国有林场、自然保护区、森林公园、风景名胜区等国有涉林企事业单位，原则上由其法人代表和有关负责同志任林长，承担本单位森林资源保护发展主体责任，在森林防火、病虫害防治、林地保护、破坏森林资源案件查处和涉林问题整改等方面应当服从当地总林长的指挥和协调。各新增试点单位应将植树造林、国土绿化、生态修复、林地林木管理、自然保护地和野生动植物保护、林业产业发展、破坏森林资源案件查处及涉林问题整改等林业重点工作纳入林长职责范围，各级林长职责的划分由各地根据实际确定。各级林长责任区域和职责范围应立牌公示。各新增试点单位要积极探索，根据林长制实施需要，重点在工作协调、责任落实、督促指导、考核评价、责任追究等方面出台切实可行、有效管用的制度，形成完备的制度体系。要系统梳理长期困扰当地林业改革发展的体制机制问题，以建立林长制为契机，精准施策，完善配套制度，将问题的解决提升到林长层面。要科学确定林长制运行评估内容和指标，将林地保有量、森林覆盖率、自然保护地管理、重要珍稀物种保护等重要指标纳入评估体系，制定切实可行的评估办法，进一步强化评估结果应用。

广西壮族自治区以实施林长制改革试点为契机，积极推动地方党委、政府加强基层林业机构建设。2020年以来，共有18个县级林业主管部门由挂牌机构恢复为独立机构。

九、海南省

2020年12月，海南省全面推行林长制改革，实施范围为全省18个市、县（不含三沙市）和洋浦经济开发区，责任区域为《海南省总体规划（空间类2015—2030年）》划定的规划林地范围和非规划林地上的森林。全省建立了省、市、县（市、区）、乡镇（街道）、村（社区）五级林长制体系，实行党政主要负责人双林长制。海南鼓励基层创新，海口市在全市各区、镇（街道）设立"林长制专岗"，昌江县使用县级财政为村级林长发放津贴，并配备必要的巡林工具、装备和器材，每年为各乡镇林长办安排工作经费2万元、为县级林长办安排工作经费7万元。

海南省林长制改革实施最严格的保护制度。严守林业生态红线，强化对海南热带雨林国家公园体制试点等重点生态区位和生态脆弱区域的资源管理，严格落实天然林和野生动植物保护，严格林地用途管制。提升森林质量效益，加强森林经营，构建健康稳定优质高效的森林生态系统，进一步增强森林生态服务功能。创新义务植树机制，引导市场主体和社会资本参与国土绿化。着力发展林下经济、森林旅游、苗木花卉和林产品精深加工，切实提高森林经济效益，助力脱贫攻坚、乡村振兴。加强森林防火预警监测，强化野外火源管控和监督检查，建立健全森林火灾应急机制，加强防扑火能力建设，逐步形成科学高效的综合防控体系，加强林业有害生物监测预警、检疫御灾和防控减灾，严格控制林业有害生物入侵和扩散。

海南省各级党委和政府是推行林长制改革的责任主体，考核结果作为党政领导干部自然资源离任审计和干部综合考核评价的重要依据。各级政府将落实林长制工作所需经费纳入年度预算，进一步完善森林生态效益补偿政策。加强科技创新和新技术应用，不断提升森林资源监测监管信息化水平。同时，建立林长制信息发布平台，在森林分布区显著位置竖立林长公示牌，接受社会监督。

十、云南省

2020年10月，为提升云南省森林草原资源保护发展工作质量和水平，云南省林业和草原局印发了《云南省林长制改革试点实施方案》（以下简称《方案》），明确由新平彝族傣族自治县、弥勒市、西盟佤族自治县、西畴县、龙陵县、剑川县、玉龙纳西族自治县、临翔区、凤庆县、双江拉祜族佤族布朗族傣族自治县10个县（市、区）率先开展试点工作，通过试点建立起运转顺畅、行之有效、体系完备的林长制，为全省全面推行林长制改革奠定坚实基础。

《方案》明确要求试点单位设立县、乡、村三级林长。县级设立总林长，由县（市、区）主要负责人担任总林长；乡（镇）林长由乡（镇）主要负责人担任，乡（镇）领导班子其他成员任副林长；村级林长由村委会主任担任。各级林长的责任范围包括各自责任区域内的林地、湿地、草地和绿化覆盖区，其责任区域划分按行政区划或单位隶属关系确定，以落实属地管理责任为主。

根据《方案》，国有林场（草场）、自然保护区、森林（草原）公园、风景名胜区等国有涉林企事业单位，原则上由其法定代表人和有关负责人任林长，承担本单位森林草原资源保护发展主体责任，在森林草原防火、病虫害防治、林地草地保护、破坏森林草原资源案件查处和涉林涉草问题整改等方面应当服从当地总林长的指挥和协调。各试点单位应将植树造林、国土绿化、森林草原生态修复、林地林木管理、自然保护地和野生动植物保护、林草产业发展、破坏森林草原资源案件查处及涉林涉草问题整改等林业重点工作纳入林长职责范围，各级林长职责的划分由各地根据实际确定。各级林长责任区域和职责范围应立牌公示。

各试点单位应结合本地实际，确定一批需要重点推进的生态工程和林草重点工作，作为各级林长的工作任务，借助林长制工作机制，切实解决一些长期想解决而未能解决的问题，开创林业生态建设和林业改革发展新局面。

十一、青海省

青海省草地面积占全省面积的60.47%，占全国草地总面积的10.72%，仅次于新疆维吾尔自治区、内蒙古自治区和西藏自治区，居全国第4位，是重要的草地畜牧业区之一。2020年4月，为进一步加强草原保护、管理和修复，创新草地生态安全管理制度，履行属地责任，青海省率先在全国试点推进草长制。草长制即由各级党委和政府主要负责人担任草长，负责相应草原的管理和保护工作。

草长制在果洛藏族自治州（以下简称果洛州）建立并开始试点，试点以来，果洛州全面建立了州、县、乡、村、社五级草长制管理体系和部门协作机制，出台推行草长制指导意见和实施方案，划分责任片区，落实责任人，构建责任明确、分工有序、监管严格、运行高效的草地生态保护发展机制，形成保护、管理、修复"三位一体"的草地资源管理体制，建立健全草长制的工作考核评价制度，分解明确了各级的考核指标。

目前青海已在全省全面推行落实草长制，建立草原管护网格化和管护队伍组织化制度，把草场承包、草原生态保护、修复、利用等活动纳入管护体系，形成全区域覆盖，严格执行禁牧和草畜平衡制度，实现草畜联动，遏制破坏草原生态的违法行为，维护和促进草原生态系统的完整性和功能性。

林长制改革的具体实践——

以安徽省六安市为例

安徽省林长制改革在"林"上精准发力，在"长"上履职尽责，在"制"上探索创新，形成了一套富有安徽省特色的改革推进和保障体系，成为各地学习的样本。同时，安徽省林长制改革以规划为引领，科学编制林长制改革总体规划，构建纵横结合的林长制组织体系，形成林长制管理责任链，明确护绿、增绿、用绿、管绿、活绿5项任务。通过顶层设计立柱架梁做好林长制改革示范。下面以安徽省六安市为例探索以规划为引领的林长制改革的具体实践。

第一节
六安市林长制改革背景和意义

一、六安市林长制改革背景

六安市是安徽省重点林区之一，森林覆盖率高，蓄积量大，森林资源丰富，生态系统的服务功能基本完好，自然本底条件良好。在六安市全面推进林长制改革，能够进一步提升森林质量，优化林业发展环境，盘活林业资源潜力，发挥更大的生态、经济和社会效益。

2017年底，六安市出台了《全面推进林长制工作方案》，一手抓制度完善，一手抓改革创新。随后陆续出台了《六安市林长制工作规则》《六安市市级功能区林长职责》《关于推深做实林长制改革全面建立"护绿、管绿"责任体系实施方案》《六安市2018年林长制工作考核办法和评分细则》进一步完善林长制改革"五个一"服务平台等林长制改革政策，建立了林长会议、信息通报、工作督查、考核评价等配套制度，同时立足资源特色，创新建立林长职责提示提醒清单制度、督察长督察制度、林长定期巡林制度。创新设立市级林长制特色功能区，全面建立"护林""管林"责任体系，创新推行"一林一警""一林一员""一林一技"，形成了覆盖市、县（区）、乡镇、村，再到一山一坡、一园一林、一株一苗都有专人专管的网格化管理格局。

六安市着力完善林长组织体系，细化林长责任体系和工作体系，强化督察，跟踪问效，扎实推进林长制改革。六安市用林长制这一创新机制统揽全市的林业生态建设和发展，通过林长制工作机制的落实，推动全市的森林资源得到有效保护和利用，积极构建全国林长制改革示范区先行区，打造体制机制改革创新点。

二、六安市林长制改革意义

林业建设事关经济社会可持续发展的根本性问题。在林业改革发展的过程中，长期呈现"小马拉大车"的局面，表现出"五化"等突出问题，迫切需要以制度创新来推进森林资源的保护与发展，以林长制改革推进生态文明建设。

林长制是由各级党政主要负责人担任林长，形成以党政领导负责制为核心的责任体系，构建责任明确、协调有序、监管严格、运行高效的林业生态保护发展机制。全面推行林长制，打造生态文明建设的安徽样板，是深入贯彻落实习近平总书记生态文明思想和视察安徽重要讲话精神的重要举措。对于实践绿水青山就是金山银山理念、为全国林业高质量发展和生态文明建设发挥示范引领作用具有重要意义。

（一）推进生态文明和建设美丽中国的重要举措

林长制改革深入践行"山水林田湖草是一个生命共同体"的理念，是打造生态文明建设安徽样板的重大工作抓手。六安市林长制改革的实施，将正确处理保护生态和发展经济的关系，有力推进林业"三产"融合发展，协调推进林长制改革"五绿"重点任务，完善自然保护地体系建设，提升自然生态空间承载力，为居民提供舒适的生态、生产、生活空间，充分发挥林业在建设美丽中国进程中的重要作用。

（二）改善生态环境和建设美丽六安的具体行动

林长制改革深入践行"绿水青山就是金山银山"的理念，是贯彻落实人与自然和谐共生基本方略的重大实践探索。六安市林长制改革以生态系统思维，统筹林业工程的建设，加强森林与湿地资源保护，增强社会公众参与林业生态建设的力度，调动群众绿化美化环境的积极性和主动性，促进人与自然和谐共生，营造美丽宜居的城市环境，不断提升美丽六安建设的整体水平，彰显"绿岛浮淠水，五脉贯皋城"美丽六安城市特色。

（三）助力乡村振兴和增加生态福祉的重要途径

林长制改革深入践行"环境就是民生，青山也是美丽，蓝天也是幸福"的理念，是增进人民群众生态福祉的重大民生工程。六安市林长制改革将统筹推进林业发展与改善民生，积极谋划推进木本油料、特色经济林、花卉苗木、林下经济、森林康养旅游等绿色富民产业，盘活六安林业资源。推进"三权分置"和"三变"等集体林权制度改革，突破集体林发展瓶颈。有力助推"产业兴旺、生态宜居、乡风文明、治理有效、生活富裕"乡村振兴战略实施，提升林业生态资源的综合效益，构建建设布局合理、结构优化、功能完善的林业生态体系，增加人民群众生态福祉。

（四）实施科学治理和实现高质量发展的有效手段

推进林长制改革，是安徽省在全国首创的加强林业和生态文明建设、推进林业治理体系和治理能力现代化的一项重大制度创新，也是加快补齐生态短板、落实生态保护责任、实现高质量发展的现实需要。林长制改革将明确六安市发改、农业、交通、水利等相关部门职责和任务，充分调动各部门的积极性，深度参与林业建设的各项工作，形成齐抓共管、全员参与的六安市现代化林业治理体系新格局。通过分级建立林长会议制度，协调解决林长制改革过程中出现的重大问题。建立健全可分解、可实施、可考核的林长制评价体系，将林长制组织建设、制度建设、"五绿"目标任务纳入考核指标，压实责任，强化监督，以保证林业工作的高效运行。

第二节
六安市概况

一、自然地理环境概况

六安市位于安徽省西部，俗称皖西，地处江淮之间，大别山腹地，据鄂豫皖三省交接之地。东与省会合肥市相连，南与安庆市接壤，西与信阳市毗邻，北与淮南市、阜阳市相接，地理坐标为东经115°20′～117°14′，北纬31°1′～32°40′。现辖金安、裕安、叶集、霍邱、金寨、霍山、舒城7个区（县），以及国家级六安经济技术开发区和六安市承接产业转移集中示范区，总面积15451.2平方千米，居全省第一，总人口588.2万人。

六安市属于北亚热带向南暖温带转换的过渡带，属亚热带湿润季风气候。年平均气温16.7～17.9℃，年总降水量1009～1546毫米，全年日照1876～2004小时，梅雨季节一般在6～7月。季风显著，雨量适中；冬冷夏热，四季分明；热量丰富，光照充足，无霜期较长；光、热、水配合良好。在特定地域和气候条件的共同作用下，境内物产富集，矿产众多，享有"大别山藏珍蕴宝，淠史杭泻玉流金"的美誉。

六安市的地带性土壤为黄棕壤，主要分布于西南部的山地丘陵和中部岗地。具有南北过渡的特点，既不同于淮北地区的棕壤，也不同于江南地区的黄壤和红壤，而与南京地区和云台山的黄棕壤以及黄山的山地黄棕壤相似。加之地形复杂，成土母质多样，因而造成小地形、小气候的差异性，使土壤类型多样，不仅有水平分布，又有中域分布和微域分布。土壤类型初步可分4个土纲、9个土类、18个亚类、59个土属和139个土种。

六安地势西南高峻，东北低平，呈梯形分布，西南部山峦起伏，平均海拔400米以上，其中1000米以上的高峰240多座，大别山主峰白马尖位于霍山西南部，海拔1774米；中部为丘陵、岗地，海拔一般在30～200米；东部和北部为沿淮平原和杭丰圩畈区，海拔最低在7米。六安地区的山脉，均属大别山脉及其支脉。大别山脉自鄂豫皖三省交界的棋盘山入境，为长江、淮河分水岭，将全市分为长江、淮河两个流域。

六安市地表水丰富。境内有淠河、沣河、汲河、东淝河、丰乐河、史河、杭埠河等七条主要河流，分属淮河、长江两大水系。淮河由六安市霍邱县临水镇入境，于孟家湖淠河口出境，流经六安市河道长79千米，主要支流有淠河、史河、汲河、沣河；长江在六安市境内主要支流有杭埠河、丰乐河。市内六大水库（梅山、响洪甸、磨子潭、佛子岭、白莲崖、龙河口）水质优良，和淠史杭灌区构成的独特生态系统，是安徽省乃至华东地区的重要生态屏障。

二、社会经济发展概况

六安市是全国著名的革命老区，是人民军队的重要发源地、刘邓大军挺进大别山的重要战场、鄂豫皖革命根据地的核心地区，享有"红军摇篮，将军故乡"的美誉。经过改革开放40多年的建设，六安市已经成为大别山沿淮经济区轴心城市，先后荣获国家森林城市、国家级生态示范区、全国造林绿化先进市、国家森林旅游示范市、国家级园林城市等称号。

六安市是进出中原的门户，已形成四通八达的立体网络，成为全国重要的陆路交通枢纽城市，具有东融长三角、西连大京九的独特之利。六安市地处中国经济最具发展活力的"长三角"腹地，与合肥市、淮南市、阜阳市、巢湖市、安庆市等形成一个紧密的跨区域经济合作体系。作为皖江带城市承接东部产业西移的重要轴心城市，是承接东部沿海地区经济辐射和产业转移的前沿地带。六安市素有白鹅王国、名茶之都、中药宝库、丝绸之府等美誉，六安瓜片、霍山石斛、金裕脆桃、叶集板材等享誉全国，是大别山区域中心城市、省会合肥都市圈副中心城市。

2020年，全市实现地区生产总值（GDP）1669.5亿元，其中："三产"增加值分别为238.7亿元、606.6亿元和824.2亿元。城镇常住居民人均可支配收入33647元；农村常住居民人均可支配收入14449元。

三、主要资源概况

六安市属北亚热带常绿阔叶林植被带、皖中落叶与常绿阔叶混交林地带，森林覆盖率达45.51%，是全省最大的林业基地。市内有维管植物186科714属1638种；裸子植物8科18属30种；被子植物150科644属1518种，药用植物共203科1360种。乔灌木树种28目73科225属858种，80%分布在西南中低山区，经济价值较高的乔灌木树种250种左右，国家和省级保护的珍稀植物48种，其中国家一级重点保护野生植物有银杏，国家二级重点保护野生植物有大别山五针松、刺楸、鹅掌楸、榉树、连香树、杜仲、厚朴、水蕨、野菱，药用植物霍山石斛、安徽贝母、茯苓、天麻、灵芝、银杏、西洋参等具有一定的种植规模。

境内动物区系具有古北界和东洋界的过渡特点，在安徽动物区划中跨大别山和江淮丘陵两区。有水陆栖生脊椎动物521种，其中兽类62种、鸟类310种、鱼类92种、爬行类

34种、两栖类23种。药用动物144种，名贵动物类药材有麝香、灵猫香、全虫等，水生动物名贵品种有大鲵（娃娃鱼）、龟、鳖、沣虾、瓦虾、银鱼等。有国家一级保护动物有原麝、东方白鹳、中华秋沙鸭、白头鹤、白鹤、大鸨；国家二级保护动物有小灵猫、红隼、卷羽鹈鹕、白琵鹭、小天鹅、白额雁、鸳鸯、白冠长尾雉、大鲵、虎纹蛙。

六安市旅游资源类型多样，山水兼得、名胜众多，是安徽省六大旅游区之一，包括有地文景观旅游资源、水域景观旅游资源、生物景观旅游资源、红色旅游资源等，初步形成了以天堂寨为中心的红色森林生态旅游、白马尖为中心的大别山主峰体验游、万佛湖为中心的湖泊休闲旅游和主城区为中心的城市休闲旅游为支撑的四大旅游功能区，其中天堂寨、白马尖、马鬃岭、万佛山森林公园景区，"一谷一带""九十里山水画廊"等生态旅游品牌影响力较大。目前六安市已建成国家级自然保护区1处，省级自然保护区3处；国家级森林公园2处，省级森林公园5处；国家级湿地公园1处；国家5A级旅游景区2家，国家4A级旅游景区23家；国家级水利风景区8家，已形成以森林公园、自然保护区、地质公园、湿地公园、风景名胜区等为主，以森林城镇、森林村庄、红色旅游基地为补充的生态旅游体系。

六安市山水文化、茶文化、中药文化、花卉文化、竹文化、红色文化、古文化资源众多。依托丰富的山水资源，六安市山水文化底蕴深厚，每年定期举办大别山（六安）山水文化旅游节；有六安瓜片、霍山黄芽、舒城小兰花等茗茶，其中六安瓜片是中国十大名茶之一，被列入国家非物质文化遗产名录；拥有"十大皖药"中的霍山石斛、灵芝、茯苓、黄精，其中霍山石斛历史上被誉为"中华九大仙草之首"，是"国家地理标志保护产品"。映山红、银缕梅、金钱松等苗木花卉品种优良，竹资源品种有毛竹、雷竹、早园竹、假毛竹、水竹、淡竹、苦竹、石绿竹、桂竹、阔叶箬竹等，霍山县诸佛庵镇等乡镇获得"中国竹制品名镇"称号。古城、古镇、古民居、古战场等古文化加深了六安森林文化的底蕴和内涵。

第三节
六安市林长制改革现状分析

一、建设成效

（一）六安市林长制组织体系实现初步建成

落实了以党政领导负责制为核心的林长责任制。制定出台了《六安市全面推进林长制工作方案》，建立了市、县、乡、村四级林长制体系，构建起责任明确、协调有序、监管严格、保护有力、持续发展的林业保护发展责任体系。

人员基本落实。截至2018年底，六安全市6个林长制特色功能区、7个县区、153个乡镇（街道）、1866个村共设立各级林长5381人，其中：市级总林长、副总林长4人，市级林长（督察长）30人，县区级总林长29人，县区级林长239人，乡镇级林长1525人，村级林长3554人，护林员10071人，设立林长公示牌2060块，覆盖全市森林、湿地及建成区绿化区域。

工作职责全面明确。明确了市、县、乡、村四级林长责任和督察长责任，设立林长办，明确各级林长和林长办工作任务，明确市级林长制会议成员单位职责。

工作机制初见成效。六安市及辖各县区均设立林长办并制定《林长制工作方案》，建设了市级林长制特色功能区、市级林长制督察长体系，建立了林长会议、信息通报、林长巡林、工作督察、考核等配套制度。

（二）结合实际进行网格化管理创新

六安市大胆探索创新，结合实际，强化林长制改革创新引领。

林长制特色功能区示范引领。立足"一心一廊、一谷一带、一岭一库"六大跨区域的绿色发展平台大胆探索创新，设立市级林长制特色功能区，由市级领导担任林长，各地根据实际情况相应设立功能区林长，深入践行"山水林田湖草"综合治理。通过以点串线、以线带面，把主城区暨淠河国家湿地公园功能区、生态长廊功能区、六安茶谷功能区、淠淮生态经济带功能区、江淮果岭功能区、西山药库功能区六大林长制功能区打造成"五绿"示范区、林长制改革成果样板区。

制度体系建设探索创新。创新建立林长职责提示提醒清单制度、督察长督察制度、市县林长常巡林、乡镇林长月巡林、村级林长旬巡林、护林员日巡林制度，全面建立"护林""管林"责任体系，实行"一林一警""一林一员""一林一技"，形成了覆盖市、县（区）、乡（镇）、村，再到"一山一坡""一园一林""一株一苗"都有专人专管的网格化管理格局。

信息化建设探索创新。六安市金寨县在全省率先建立林长制信息化管理平台，遵循全面覆盖、功能齐全、操作简单的原则，打造操作可视化、业务程序化、信息自动化、预警智能化、管理科学化、考核精细化的"六化"全方位林长制信息化管理平台系统。按照县、乡、村三级林长，结合林业部门及护林员，形成角色和业务分级。用户覆盖县、乡、村三级林长和县林业局、乡镇林业站、护林员等相关工作人员，并提供公众监督参与平台。

二、存在问题

（一）林长制组织不健全，目标制度还需明确

林长办人员多为一岗多责，力量薄弱。林长制会议成员单位之间沟通较少，对林长制重要工作推进了解不清。林长制改革工作过程中存在实施目标模糊、责任不明、任务不实、特色不足等问题，特别是乡镇级、村级林长对自身职责认识不清、管理范围不明确、任务落实不到位、解决问题能力不够，推进过程中的形式化、模式化等问题存在。"五个一"服务平台、工作考核、提醒清单等相关制度不完善，缺乏林长制激励机制。林长制林业监督、考核评价信息化程度较低，各区县信息化程度发展不均衡。林长制人才队伍建设不完善，专业技术人员相对缺乏。

（二）体制机制还需细化，工作责任有待压实

六安市林长制责任体系初步建立，仍需要进一步落实完善。市及各县（区）均出台林长制会议、督察、信息等相关配套制度（暂行），但督察、考核评价制度还需进一步细化完善。组织协调力量还需加强，林长办人员多为临时组建，效率较低。部门职能交叉重叠仍然存在，协调管理难度大，部分管理体制机制还需磨合。

（三）精准施策仍需加强，配套政策有待完善

六安市林长制改革配套政策有待进一步完善。乡镇级、村级林长制实施目标较为模糊，任务不明确、边界不清晰、落实不到位。生态补偿机制尚不完善，国家生态（公益林）补偿标准较低，区域间的生态补偿，以及享受生态红利和产品的经营主体、企业反哺生态的补偿机制也未建立，多元化生态补偿机制没有得到同步跟进。林长制激励机制

缺乏，各地对林业工作问责制度较多，激励机制缺乏。出台的惠林政策不多，引导还不够，市场主体活力不足，对社会主体参与林业建设工程的补助标准不高，奖励份额不重。林业投融资难的问题尚未有效破解，集体林权制度改革配套措施滞后等问题比较突出。

（四）资金投入力度不大，保障措施有待跟进

六安市林长制财政支持力度有待增强。市、县、乡镇财政对林长制推行资金投入不多，林业工程配套资金及时到位率低，林长制相关工程经费未纳入财政预算。基础设施尚不完备，林场、山场大都在偏僻山区、交通不便，造林大户在林道建设、蓄水池建设等方面需要投入大量资金和精力，影响参与林业发展的积极性。林业科技支撑能力有待提升，基层林业站专业技术人员短缺，力量薄弱。林业科技创新与信息化平台建设滞后，科技成果示范与推广有限，森林经营和产业发展科技含量低。

第四节
六安市林长制改革指导思想与发展思路

一、指导思想

以习近平新时代中国特色社会主义思想为指导，深入贯彻落实党的十九大关于加快生态文明体制改革和建设美丽中国的重大部署，全面落实习近平总书记视察安徽、视察六安重要讲话精神。紧紧围绕统筹推进"五位一体"总体布局和协调推进"四个全面"战略布局，认真落实安徽省委、省政府《关于建立林长制的意见》要求，深入认识林长制改革"四个重大"的重要战略定位，充分发挥林业在生态治理和乡村振兴中的基础作用，进一步推深做实林长制改革。坚持严格保护、综合治理、惠民富民，统筹山水林田湖草系统治理，充分释放林长制改革红利，推进林长制制度优势转化为林业治理效能，促进经济社会和生态环境协调发展，进一步实现绿水青山与金山银山的有机统一，为实现森林资源永续利用、建设全国林长制改革示范区提供制度保障，将六安市打造为大别山革命老区发展振兴试点示范区、长三角地区源头生态保护的重点区、绿色产业品牌培育创新区，从而构建全国林长制改革与生态文明的六安样板，为安徽省乃至全国提供"六安经验"。

二、基本原则

（一）坚持生态优先，绿色发展

坚持尊重自然、顺应自然、保护自然的正确发展观，把生态环境保护作为发展的前提，坚持生态优先、保护优先，突出森林生态体系建设，加大森林生态系统保护力度，提升森林生态系统保护与修复水平，维护生物多样性，在保护中拓宽绿色发展空间，在绿色发展中反哺森林生态保护，形成人与自然和谐共生的局面。

（二）坚持因地制宜，科学管理

结合区域和林情特点，进行资源、功能、效益研究，因地制宜开展林业生态保护与建设工作，充分发挥林地资源、生产潜力。坚持分类保护、精准管理，解决好林业发展与保护中的突出问题，全面增强森林生态系统的稳定性和服务功能的多样化。

（三）坚持创新机制，改善民生

深化各项林业改革，创新体制机制，进一步调动全社会发展林业的积极性。坚持技术创新，采用先进管理手段，大力发展特色高效林业产业，促进绿色富民惠民，增进人民群众发展林业的获得感。

（四）坚持党政同责，部门联动

建立健全以党政领导负责制为核心的责任体系，层层落实各级有关部门职责，协调各方力量，确保一山一坡、一园一林、一株一苗都有专员专管、责任到人。完善自然资源与生态环境统筹管理体制，充分发挥林业部门在协调森林、山地、草原、湿地等多种自然资源的政府职责，立足于生态环境服务，在资源管理、生态系统改善与修复、提供优质产品和先进文化等各方面发挥积极作用。

（五）坚持严格考核，强化监督

坚持依法治林管林，建立健全科学的考核指标体系和绩效评价制度。建立健全林长制工作督察、考核、奖惩等相关制度。实行生态环境损害责任终身追究制。完善考核办法，充实考核内容，细化考核指标体系，根据考核评价结果启动问责和激励机制。拓展公众参与渠道，营造全社会尊重自然、爱林护绿的良好氛围。

三、规划目标

（一）总体目标

深入践行"两山理论"，统筹六安市山水林田湖草系统治理，实行最严格的生态环境保护制度，护山、保林、养水、保护生物多样性。围绕"全域保护，集群发展，创新示范，合力共管"为主的总体目标，倡导绿色发展方式和生活方式，坚定走生产发展、生活富裕、生态良好的文明发展道路，建设美丽、富饶、宜居新六安，为六安人民创造良好生产生活环境，为绿色发展作出贡献。

全域保护：根据六安山地—丘岗—平原梯形分布的地形地貌特征及不同类型自然资源，确定全域保育对象。南部金寨县、霍山县和舒城县以中低山区地貌为主，建立大别山北麓生态屏障区，重点开展封山育林、森林质量提升、生物多样性保护、水源地保护、森林防火监测预警和林业有害生物防治；中部金安区、裕安区和叶集区，地貌类型多样，包括低山、丘陵、岗地、平原，人口密度大，工业和城镇集中，生态系统受人为干扰严重，地表覆盖不良，部分地区水土流失严重，建立丘岗水土保持区，重点开展工程造林、经济林基地建设、城乡绿化美化。北部霍邱县以平原地貌为主，分布有两大天然湖泊——城东、西湖及龙潭水库，建立平原湿地保护修复区，对六安湖泊湿地、河流湿地、沼泽湿地进行湿地恢复与修复，对霍邱东西湖等富营养化的湖泊开展综合治理。

集群发展：根据六安市特色林业分布，划分7个产业集群。引导和促进资源、资金等产业要素向优势企业集中，优势企业向产业园区集中，形成产业集群。重点突出种植、加工、营销一体化建设，打通林业"三产"之间的阻隔，建立产业交叉融合的现代林业产业体系。

以舒城县、裕安区、金安区和金寨县为核心，建立油茶产业集群；以金安区、裕安区、叶集区、霍山县北部为核心，建立特色经果林产业集群；以霍山县、金寨县、舒城县为核心，建立中药材产业集群；以南部霍山县为核心，建立竹产业集群；以叶集区和霍邱县为核心，建立木材加工产业集群；以金安区、霍邱县、裕安区等北部平岗区建立花卉苗木产业集群。在南部大别山区、中部淠河滨水区、北部淮河区建立生态旅游产业集群。

创新示范：强化"护绿"，建设生态公益林、古树名木、种质资源、自然保护地管理、生物多样性保护等方面示范；推进"增绿"，建立增绿增效、森林抚育、植树造林等方面示范；严格管绿，建设林业灾害风险防范、有害生物防治、信息化监测等方面示范；科学用绿，建设林业产业标准高效示范基地、林业产业示范园区、生态平衡种养等方面示范；深化活绿，建设国有林场改革、林长制改革示范。使六安市生态安全屏障更加稳固、森林资源增长更加稳定、森林生态系统更加完善、林业发展环境更加优化、依法治林水平更加有力、产业民生保障更加全面、生态文明理念更加牢固，为林业高质量发展发挥示范引领作用。

合力共管：落实以党政领导负责制为核心的林长责任制，在六安全域全面建立市、县（区）、乡镇（街道）、村（社区）四级林长制体系，最后落实到护林员，突出"建、管、防、保"并举，明确各级林长职责，层层压实责任，强化与六安市发改委、财政局、自然资源局、生态环境局、交通局、水利局、住建局等部门协作，构建起责任明确、协调有序、监管严格、保护有力、持续发展的林业保护发展责任体系。发动全社会力量参与生态建设，让广大群众积极参与到林长制管理体系中，成为"五绿"任务的建设者和监督者，以林长制为统揽做好绿色发展的文章，通过实施林长制实现"林长治"。

（二）具体目标

推深做实六安市林长制改革，完善市、县（区）、乡镇（街道）、村（社区）四级林长目标责任体系，形成林长制管理责任链，创新示范"五绿"体制机制，实现林长制的目标精确、措施精细、监管精准，提升林业治理体系和治理能力现代化水平。六安市森林、湿地及野生动植物资源得到有效保护，加速推进天然林保护与公益林管理并轨，加强自然保护地统一监管、国有林场基础设施建设。通过造林工程带动国土绿化，实现应绿尽绿，森林面积持续增加，森林质量不断提升，推行森林可持续经营。实现森林防火治理体系和治理能力现代化，林业有害生物疫情得到全面控制，完善资源监管体系。林业产业结构进一步优化，建立起适应市场经济的、产业融合发展的现代化产业体系。集体林地实现"三权分置"运行机制，"三变"改革基本完成。

2022年，六安市逐步形成结构稳定、功能协调的公益林生态保护体系，天然次生林、湿地等生态系统恢复到一定的功能水平，生物多样性有效提高。森林覆盖率达到45.55%以上，森林总蓄积量达到3400万立方米以上，净增长400万立方米，城区绿化覆盖率达到42.0%。林业产业结构进一步优化，提升二、三产业比重，林业产业促进林农增收贡献率明显提高，全市林业总产值超过600亿元。

到2025年，六安市森林生态系统服务功能、湿地保护率、生态空间承载力显著提高，形成完善的自然保护区、自然公园等保护地管理体系。森林覆盖率达到45.60%，森林蓄积量净增长785万立方米，森林总蓄积量达到3617.54万立方米，城区绿化覆盖率达到42.5%。林业产业发展模式由资源主导型向自主创新型、经营方式由粗放型向集约型、产业升级由分散扩张向龙头企业牵引转变，全市林业总产值超过800亿元。

四、发展思路

（一）统筹"多个"部门联动，打造"山水林田湖草"治理样板

林长制是由地方领导来统筹管理山、水、林、田等生态系统，督促各部门通过合作实现协调发展。结合六安林业发展，通过林长制改革，探索统筹山水林田湖草系统治理。

立足江淮分水岭区位优势，贯彻"山水林田湖草生命共同体"理念，加速推动林长制实施。稳山脉——开展长江防护林、退化林修复、经济林培育，实现六安市长江防护林带应绿尽绿，森林生态系统功能得到显著提升；护水脉——结合湿地保护，开展城东西湖湿地保护修复和六大水库重要水源地保护，全面维护湿地生态系统的生态特性和基本功能，最大限度地发挥湿地生态效益；固林草脉——结合国土绿化，推进石质山造林、荒山绿化，构建乔—灌—草立体配置的绿色生态长廊，减少山区水土流失，保护区域生态安全；守田脉——结合廊道绿化，完善农田防护林，建立稳固的农林复合生态系统。在林长制实施过程中，各部门协调合作，各工程协同互补，将林长制与湖长制相关职责进行整合，组成联合执法队，探索山水林田湖草资源综合管理，共同推进创建山水林田湖草综合治理样板区。

（二）搭建"两项"服务平台，深化"四级"林长责任

为实现林长制管理先进化，服务手段信息化，实现林长制改革工作目标具体化，责任明确化，搭建林长制智慧化和考核评价体系两个平台，科学指导林长制实践，推动林长制工作规范化、长效化。这两个平台是林长制指挥下的网格化管理和智慧化管理系统，上接各级林长，下接群众百姓。加快推进林业发展信息化，践行智慧林业理念，通过现代信息技术在林业的应用和深度融合，打造"互联网+"林业发展新模式，推动林业发展和管理方式转型升级。以"林地一张图""公益林落界成果""自然保护地界线"等数据为基础，建立林长制智慧平台，实现市、县（区）、乡镇（街道）、村（社区）四级林长上下贯通、左右联通的信息化管理体系。构建林长制系统完备的管控指标，研究形成可分解、可实施、可监测、可考核的指标体系。对林长制组织体系、责任体系、制度体系、"五绿"任务的各个指标进行考核。

（三）利用"四区"特色资源，实践"四大"产业创新

根据六安市资源分布，结合行政区划林长制组织体系，在市级总林长领导下，设立与市级林长平级的药库、果岭、茶谷、淠淮生态经济带功能区林长，构建责任明确、监管有力的林长管理网格。利用创新性的功能区林长制组织体系，充分发挥药库、果岭、茶谷、淠淮生态经济带功能区发展带动作用，实践示范药产业链、经果产业链、茶特色小镇、森林康养小镇等全产业链"三产"融合发展，创新并推广核桃-油茶、核桃-花生、核桃-榛子等林下生态平衡种植模式，促进林业产业与信息技术、金融业、现代物流业融合发展。示范引领六安市林业产业健康发展，拓展"绿水青山就是金山银山"的有效实现途径。

（四）依据"六字"方针政策，落实"五绿"建设任务

规划根据目前六安市林业发展中存在问题，并结合林长制近5年护绿、增绿、管绿、用绿、活绿任务，提出"护、提、扩、连、增、补"的方针策略。

固本强基，守护生态绿色源头。六安市山地生态环境保护以山地资源的公有制作为基础，进行整体保护。将现有39.83万公顷公益林作为林地保有量，通过保护、管护和修复，改变生态公益林树种单一、结构不合理的状况，逐步恢复地带性植被，丰富生物多样性，形成结构稳定、功能协调的公益林生态保护体系，充分发挥其水源涵养、生态防护和水土保持功能。通过古树名木保护、林木种质资源保护对林源进行整体保护。通过国家级、省级重要湿地保护、湿地保护小区保护、湖泊湿地富营养化综合治理、河流湿地退耕还湿、库塘湿地保护建设和重要水源地生态保护等，不断扩大对全市湿地的保护范围，全面维护湿地生态系统的生态特性和基本功能，最大限度地发挥湿地生态效益。

提质增效，增强生态系统服务功能。以林长制改革为总牵引，以提质增效为目标，推广近自然森林经营技术，进行森林提质、改结构、促增长等多种措施，开展封山育林工程、中幼林森林抚育工程、低质低效林改造工程、退化林修复工程和经济林抚育工程，采取改造、培育、更新等措施，切实解决一些林分过密、过纯、过疏和老化等问题，提升森林质量和森林生态系统的整体功能，增强森林抗灾能力，改善生态环境。

以林长制改革为总牵引，以林业增绿增效行动为抓手，实施造林绿化工程。通过城市公园绿地、社区绿化、环城绕村林带建设，以及乡村村旁补绿、宅旁插绿、路旁/水旁绿化等工程，系统增加绿量、绿质、绿景，推进重点生态工程高质量发展，全面提升城乡绿化水平，改善人居环境，推动形成人与自然和谐发展的现代化建设新格局。

扩面升量，拓展生态监测空间。重点开展瞭望监测系统工程、火险预警系统工程、林业有害生物监测工程，对重点林区实现监控覆盖，对一般林区实现监控辐射；通过监测预警工程和平台建设，加强生态监控硬件设备、软件系统、物资装备和人员能力建设，扩大生态监控范围，全面提升森林资源监测预警能力，实现六安市森林防火、林业有害生物防治的全覆盖。

连接绿廊，健全森林生态网络。对已建农田林网，提高绿化标准，对断带和网格较大的地方进行完善提高，积极稳妥推进成过熟农田防护林更新改造，逐步建立起稳固的农林复合生态系统，提高综合防护功能，形成布局合理、功能结构稳定的农田林网体系。

完善现有水系廊道绿化成果，进一步开展河流两边绿化工程和农村沟渠、池塘等水旁的绿化工程，种植各类耐水湿的乔木和灌木，形成层次丰富的岸边景观。巩固现有道路廊道绿化，对公路（国道、省道、县道）、铁路、乡村道路、村组道路和田间道路等道路绿化采用乔木列植或乔灌混植的方式，形成结构合理、层次丰富、乡土气息浓厚的路旁绿化景观。

增加特色，激发林业发展活力。根据六安市森林公园、湿地公园和其他适宜开展森林旅游的景区与自然文化资源特征，沿道路和水系有机串联森林、湿地、民俗健康旅游资源景区。积极发掘山水文化、茶文化、竹文化、花卉文化的内在价值，根据不同地理位置的景观特征、主要功能、资源级别等方面，确定不同的主题形象展示和发展战略目标，打造天堂寨天祝节、茶山花海旅游节、六安淠河国家湿地公园、龙穴山林业科普基地、天堂寨旅游项目、大化坪红色教育基地等精品节庆活动与旅游品牌项目。充分利用森林和湿地生态旅游资源，新建或提升森林公园、湿地公园，完善养生休闲及医疗、康养服务设施，建设一批森林旅游小镇、森林和湿地康养基地、森林旅游人家。

重点打造"红、蓝、金"三色生态旅游。"红色"大别山生态旅游，在金寨县和霍山县，围绕大别山革命老区和高、中山区的森林旅游资源，发展生态旅游与红色旅游活动，以现代生态环境保护和革命传统为教育基础和内容，高举"红色"和"绿色"大旗，弘扬革命传统，传播生态环境保护知识，成为一面在全国耀眼的万绿丛中招展的红色旗帜，展示六安"万绿丛中一片红"现代化宜居城市形象。"蓝色"江淮分水岭湿地生态旅游，在金安区、裕安区和叶集区，围绕现有的湿地特色风景资源，开展体验观光和自然教育等生态旅游形式，如在淠河国家湿地公园建设六安市湿地科普、宣教和科研的国家级示范基地；未名湖公园围绕"全域水系"理念，建设以"聚水·新生"为主题——会呼吸的生态公园；南湖湿地公园是白鹭的主要栖息地，在此建设居民游憩、观鸟的体验场所。"金色"平原田园综合体生态旅游，主要在霍邱县，结合农业大县的特点，发展集现代农业、休闲旅游、田园社区为一体的特色小镇和乡村综合发展模式。在城乡一体格局下，依托森林（湿地）资源，以绿色产品加工业为龙头，通过优化布局，促进产业集聚，形成具有一定规模的林产品种植、采摘、加工、林业生产体验、旅游接待、餐饮住宿、文体娱乐等产业园区各居民聚居区（综合体），在马店镇、石店镇、城关镇、临淮岗（淮河风景区）、新店镇、潘集镇等地，与林下种养殖基地，美丽乡村、特色小镇有机结合，构建生产、生活、生态同步建设，"三产"融合发展的系统工程。

多措并举，补齐融合发展短板。完善林权抵押贷款政策，开展林下经济产品抵押试点。鼓励金融机构开展林业专业大户、家庭林场、农民林业专业合作社贷款业务。鼓励银行业金融机构对农民林业专业合作社示范社开展联合授信。发展林业小额贷款公司，开展林业信托试点。发展林业融资担保业务，建立以农民林业专业合作社为主体、农户自愿参加的互助担保体系。培育发展林业信托机构，推动森林资源资产转化为可流通的债券、基金和股票。发展林产品信用销售和信用保险。推广"林权抵押+林权收储+森林保险"贷款模式。探索开展林业经营收益权和公益林补偿收益权市场化质押担保贷款。积极引导互联网金融、产业资本开展林业金融服务。设立林业产业专项基金。鼓励社会资本参与林业产业投资基金、林业私募股权投资基金和林业科技创业投资基金。发展微型金融、普惠金融、绿色金融。

以农贸交易市场为基本平台、林业龙头企业为重点、区域性连锁配送中心为骨干，建立林产品现代流通体系。加快发展现代化仓储物流设施，加强林产品预选分级、加工配送、包装仓储、电子结算、检验检测和安全监控等设施建设。积极发展林产品电子商务，建设网上交易平台，扩大网上交易规模。大力推进农超对接、农批对接、农社对接，积极发展合作社、订单式经销体系。健全覆盖生产、流通、消费的林产品信息网络，建立林产品供求、质量、价格等信息发布机制，完善市场监测、预警制度。加快建立林产品质量安全追溯体系，落实索证索票和购销台账制度。发展林产品信用销售和信用保险。

（五）开展"五类"示范工程，创建林长制改革示范区

建设"五绿"示范工程，深化"五绿"体制机制。在保障林业生态安全上做示范，实施森林湿地资源保护、生物多样性保护和自然保护地建设工程，探索建立森林巡护网格化管理制度、以国家公园为主体的自然保护地体系管理机制、自然保护区集体林地租赁制度；在拓展生态空间上做示范，实施造林绿化、森林质量提升、"四旁四边四创"工程，创新森林资源经营模式，探索建立森林资源提质增效制度；在促进生态惠民上做示范，实施优质油茶产业、特色经果林产业、速生丰产林(竹)产业、苗木花卉产业建设工程，探索建立油茶产业发展促进农民增收机制、林业生态优势持续转化为林业产业优势机制；在管控生态风险上做示范，建设森林防火、林业有害生物防治、森林资源监管三大体系，创新森林采伐和林地管理机制；在激发林业活力上做示范，深化集体林权制度改革、培育壮大新型林业经营主体、创新绿色金融服务，探索建立林业信贷和保险服务机制、跨区域生态补偿机制，健全林业产权制度。

第五节
六安市林长制体制机制建设

一、组织体系

（一）组织落实、分工明确、责任清晰

优先区划各类自然保护地、国有林场、建成区，依据隶属行政级别设置相应级别林长；自然保护区、国有林场由主要负责同志担任，其他地区按照属地级别依次设立林长。

市级林长。 市级设立总林长、副总林长、区域性林长、区域性副林长。总林长由市委、市政府主要负责同志担任；副总林长由市委、市政府分管负责同志担任；区域性林长由市委、市政府相关负责同志担任；区域性副林长由相关市级林长成员单位负责同志担任，协助林长开展工作。

县（区）级林长。 其他地区按县（区）、乡镇、村行政边界落实林长。县区参照市级林长制组织体系设立总林长、副总林长、林长、副林长。总林长由县委书记、县长担任，副总林长由常委及分管副县长担任。增设林业警长，由县公安局局长担任林业总警长。

乡镇级林长。 乡镇设立林长、副林长。林长由乡（镇）党委书记、乡镇长担任。

村级林长。 村设立林长和副林长，分别由村党组织书记和村社区（居委会）主任担任。

六安市各级林长设置情况统计表

行政区域	市级总林长	市级林长	县级总林长	县级林长	乡镇级林长	村级林长	护林员
全市小计	4	30	29	239	1525	3554	10071
六安市	4	30	—	—	—	—	—
金寨县	—	—	3	40	294	503	2750
霍山县	—	—	4	36	272	284	3146
舒城县	—	—	4	24	172	629	2000
霍邱县	—	—	6	26	241	821	875
裕安区	—	—	3	40	207	539	746
金安区	—	—	3	47	261	623	349
叶集区	—	—	6	26	78	155	205

建立林长制制度清单，出台一系列相关制度和规定。

建立林长会议、信息通报、工作督查等配套制度的基础上，针对改革推进中发现的问题，不断完善制度建设，逐步健全督察长督察制度、林长职责提示提醒清单制度、定期巡林制度；细化考核评价制度，形成考核评价体系；补充激励问责制度。

建立护林员管理示范机制。进一步规范生态护林员选聘管理，加强专项补助资金监管。加强护林员组织建设，按照分级分区、网格化布局，建立县级护林大队，乡镇护林中队，村护林小队。进一步规范护林员巡护内容和标准，将其纳入林长制智慧平台管理，通过地理信息系统详细记录巡护信息，加强日常考核监管，充分发挥林长制"最后一公里"作用。加强护林员培训指导，为其配置巡护必要装备，增强护林员的巡护能力，确保巡护安全。率先设立"林业警长制"，强化林业执法监管力度。

（二）组织体系架构

林长制组织体系采取纵横结合的方式构建。纵向延伸，细化管护网格。按照属地管理、分级负责的原则，全面建立市、县（区）、乡镇（街道）、村（社区）四级林长制组织体系。同时，根据六安市发展实际，突破行政区划限制，立足"一谷一带、一岭一库"四大跨区域的绿色发展平台大胆探索创新，在全省率先设立市级林长制特色功能区，设立功能区林长。充分发挥护林员巡林护林责任，在四级林长组织体系之下形成"第五级"林长作用，有效落实林长制改革"最后一公里"问题。增设林业警长，与森林公安、护林员协同加大对破坏森林资源行为的打击处置。

横向拓展，体现对应机构设置的构成，设置林长—林长会议成员—林长办。林长通常设置正副林长两个，由相应行政级别的正副一把手单位领导担任，负责指导、决策、解决重点林长制问题。林长会议成员单位由行政辖区内相关直属单位构成，负责林长制工作关键问题讨论、责任分解、相关问题协商和汇报。林长办设置在负责林业管理的部门，设置专职工作人员，林长办对上一级林长负责，承担成员单位召集和相关问题汇总、通报工作。同时为强化体系架构，创新设立市级林长制督察长体系，设立总督察长、副总督察长、自然保护区督察长。

全域构建责任明确、监管有力的林长管理网格，形成总林长负总责、督察长抓督促、区域性林长抓调度、功能区林长抓特色、县区级林长抓推进、乡镇级林长抓落地、村级林长抓巡护的林长制工作格局。

为了突出六安市特色，重点抓示范项目，符合六安城市建设战略。在六安市铁路、国省骨干道路生态长廊功能区、主城区暨淠河国家湿地公园功能区、六安茶谷功能区、淠河生态经济带功能区、江淮果岭功能区、西山药库功能区等林长制特色功能区设立林长、副林长。

二、运行机制

林长的运行机制是在现有的行业管理机制下，设立各级林长办，设在林业局，负责日常工作及具体事务的管理，保证林长制体系内的相关行业管理业务正常运行。

林长办公机制。各级林长制分别设立林长办，分级建立林长会议制度，协调解决森林资源保护发展中的重大问题。各级林长一般通过林长办，组织林长会议成员单位与下一级林长开展工作；各级林长也可以直接领导下一级林长开展工作。下一级林长与林长会议成员单位一般通过本级林长办向林长汇报工作情况，其中下一级林长也可以直接向上级林长汇报工作。各级林长办之间，紧密协调与密切配合，注重信息的及时反馈。

六安市级林长办设在市林业局，市林业局主要负责人兼任办公室主任，负责办公室日常工作。县（区）结合当地实际，设立林长办。林长办需配备专职和兼职工作人员集中办公。

林长会议机制。市、县（区）、乡级林长制机构下设市、县（区）级、乡林长会议成员。市、县、乡级林长会议成员由本级总林长、副总林长、林长、相关成员单位主要负责同志组成，市、县级林长会议由本级总林长负责召集；乡级林长会议由本级林长负责召集，各成员单位确定1名具体负责同志为联络员。林长会议原则上每年至少召开1次，调度林长制工作进展情况。六安市市级林长会议成员由市委组织部、市委宣传部、市委编办、市发改委、市教体局、市科技局、市公安局、市财政局、市自然资源局、市生态环境局、市住建局、市林业局等市属有关单位组成，县（区）、乡镇级林长会议成员单位依据市级林长会议成员单位的组成根据实际情况予以设置。

林长制督察长。建立市级林长制督察长体系，由市委书记、市长担任总督察长，市人大常委会主任和市政协主席担任副总督察长，将市委改革办、市林长办等单位作为总督察单位，监督、督察全市森林资源保护、林业生态相关法律法规落实及推进区域内森林资源立法等。在全市4个国家级和省级自然保护区设督察长，由人大常委会副主任和政协副主席担任，督察自然保护区林业生态相关法律法规及保护规划执行落实情况，落实总督察长、副总督察长交办的具体任务，为重点生态区域的严格管护和合理发展提供坚强保障。

三、工作职责

坚持问题导向，通过政府引导，社会参与，明晰各级林长职责、各级林长会议职责、各级林长会议成员单位职责、各级林长办职责。

（一）林长职责

市级林长。市级总林长承担林长制的总督导、总调度、总协调职责。市级区域性林长联系一个县区，负责督促、指导所联系县区做好林长制的落实和目标任务的完成。

市级功能区林长负责联系、指导该功能区森林（湿地）资源的保护与发展；根据该功能区资源特点制定保护与发展规划并组织实施；负责协调、解决该功能区保护与发展中的重点、难点问题。功能区副林长负责协助市级功能区林长落实功能区的保护、管理、发展等任务；针对该功能区的资源特点，指导建立"一林一策"。

县（区）级林长。县（区）总林长负责领导、组织本区域林长制所确定的目标、主要任务的落实工作，承担本区域林长制实施的督导、调度、协调职责。县（区）级林长负责相应区域的目标、主要任务的落实工作，重点做好各类生态功能区、公益林的保护与发展，监督检查下一级林长履行职责情况，协调解决重点难点问题。

自然保护区、国有林场林长。负责领导、组织本区域林长制所确定的目标、主要任务的落实工作，负责经营范围内森林保护与发展工作，落实上级部署交办的各项工作任务。

乡镇级林长。乡镇林长负责本区域内目标、主要任务的落实工作，重点承担生态功能区、公益林、退耕还林、重要区位水源涵养林等保护职责，落实上级部署交办的各项工作任务，对下一级林长履职情况进行监督管理。

村（社区）级林长。村（社区）林长负责落实本行政区域范围内森林资源保护发展的各项措施，落实上级交办的各项工作。

护林员负责完成村级林长交办的巡林任务，发现破坏森林资源行为或突发事件及时制止、上报，保证责任区域巡林无死角。

（二）各级林长会议职责

市级林长会议职责。研究落实中央及省委、省政府关于生态文明建设的重大决策部署，研究决定林长制工作的相关制度和办法，组织协调有关综合规划和专业规划的制定、衔接和实施。组织开展执法监督和综合考核工作，协调处理涉及部门、地区之间的重大林权纠纷和争议。

县（区）级林长会议职责。研究落实中央及省、市关于生态文明建设的重大决策部署，研究决定林长制工作的相关制度和办法，组织协调有关综合规划和专业规划的制定、衔接和实施。组织开展执法监督和综合考核工作，协调处理涉及部门、地区之间的重大林权纠纷和争议。落实省级及市级相关工作安排和部署，向乡镇级林长发布相关指令，汇总并向市级反映乡（镇）林长制存在的问题和急需解决的难题与要求。

乡镇级林长会议职责。审议提请乡镇级林长会议、乡镇级林长专题会议研究的事项等，组织开展监督和考核工作。落实省级、市级及县（区）级相关工作安排和部署，向村级林长发布相关指令，汇总并向省级市级、县级反映村林长制存在的问题和急需解决的难题与要求。

（三）林长办职责

市级林长办职责。对接省级林长办，联系市级以下林长办，组织实施市级林长制具体工作，负责办理市级林长会议的日常事务，落实市级总林长确定的事项，拟定市级林长制管理制度和考核办法，监督协调各项任务落实以及组织实施考核工作。

市级林长会议成员单位职责。市级林长会议成员单位按照职责分工，各司其职，各负其责，协同推进市级林长制各项工作。

六安市林长制成员单位工作职责

单位	职责
市委督察考核办、市委组织部	依据市政府发展考核指标设定，负责将林长制工作纳入各级林长和责任单位的年度考核
市委宣传部	总负责林长制宣传工作
市委编办	负责林长办有关机构设置、职能配置、编制核定等工作
市发改委	指导森林、湿地发展保护重大项目的立项、申报和建设工作
市教体局	组织和指导开展中小学生生态文明教育，加强校园绿化建设
市科技局	负责指导林业科技创新工作
市公安局	落实"一林一警"执法保障机制，帮助支持打击重大破坏森林资源刑事案件的违法犯罪行为，协助开展林业有害生物疫情封锁和违法调运查处
市财政局	落实市级林长制改革经费，协调落实造林绿化、森林抚育保护管理等资金
市自然资源局	协调保障林业生态建设用地，加强森林和湿地资源调查，指导、监督森林等自然资源的统一确权登记，监督矿山企业落实矿山地质环境保护和综合恢复治理工作
市生态环境局	负责涉及林长制有关工程项目的环评审批工作；指导、督促自然保护地环境督察问题整改
市住建局	指导小城镇和村庄推进乡村绿化，改善人居生态环境，建设美好乡村
市交通局	组织实施国道、省道道路绿化建设与管护，加快推进国有林场场部和重要林下经济节点对外连接道路建设
市农业农村局	负责推进农田林网建设，湿地资源保护工作
市水利局	负责河湖渠塘等水系绿化、水利工程范围内的绿化管理工作，依法做好林区建设项目水土保持等相关工作
市文旅局	加强旅游与林业融合发展，指导全市森林旅游发展工作
市应急管理局	统筹应急救援力量建设，指导森林和草原火灾扑救相关工作
市市场监管局	负责野生动物及其制品经营利用的市场监管
市林业局	组织、协调、指导全市造林绿化和野生动植物、古树名木、森林资源、湿地资源的保护和生态建设工作；组织、指导、监督全市森林防火和林业有害生物防控等工作；查处破坏森林资源案件；负责全面推进林长制工作
市城管局	负责城市园林绿化建设和管理，做好城市湿地资源保护工作

单位	职责
市地方金融监管局	引导金融机构丰富林业信贷和保险服务产品，拓宽林业企业融资渠道
市扶贫开发局	负责指导、协调、推进特色种养业、森林旅游等涉林扶贫产业发展
市气象局	负责提供森林火险等级、林业有害生物防治天气预报服务
市一谷一带办	负责推动"一谷一带、一岭一库"绿色产业发展
皖西日报社	负责林长制相关宣传工作
市广播电视台	负责林长制相关宣传工作
市投资创业中心	负责指导、协调涉林招商工作和开展宣传推介活动

县（区）级林长办职责。对接市级林长办，联系县级以下林长办，组织实施县级林长制具体工作，负责办理县级林长会议的日常事务，落实县级总林长确定的事项，拟定县（区）级林长制管理制度和考核办法，监督协调各项任务落实以及组织实施考核工作。

县（区）级林长会议成员单位职责。各县（区）结合本地实际，比照市级林长会议成员单位职责设立本级林长会议成员单位职责。县级林长会议成员单位按照职责分工，各司其职，各负其责，协同推进县级林长制各项工作。

乡镇级林长会议成员单位职责。各乡镇结合本地实际，比照县（区）级林长会议成员单位职责设立本级林长会议成员单位职责。乡镇级林长会议成员单位按照职责分工，各司其职，各负其责，协同推进乡镇级林长制各项工作。

（四）督察长职责

总督察长职责。总督察长负责全市森林资源保护监督、督察，对全市林业、生态相关法律法规执行、落实情况，生态环境损害、自然资源资产损毁等恢复修复进行督察，对重大案件启动问责程序。根据需要，积极推进区域内森林资源保护利用管理立法工作。

自然保护区督察长职责。自然保护区督察长负责落实总督察长、副总督察长交办的任务，落实市级林长会议交办的任务、督办市级林长制督察反馈的问题及市林长办上报的问题清单。督察自然保护区执行、落实林业生态相关法律法规情况，督促相关县（区）落实自然保护区保护规划，严厉打击破坏森林资源违法行为。指导、协调自然保护区林长制工作。

四、制度体系

目前六安市林长制督察体系、林长会议成员单位职责等尚未完全建立，林长制相关职责还不能完全落实到林业"最后一公里"，林长制工作考核制度指标体系、"五个一"服务平台制度尚未完善。在建立林长会议、信息通报、工作督查等配套制度的基础上，针对林长制改革过程中发现的问题，不断完善制度建设。健全"五个一"服务平台制度、督察长督察制度、林长职责提示提醒清单制度、定期巡林制度，细化考核评价制度，形成考核评价体系，补充激励问责制度。强调信息沟通和工作信息收集，进行自我评价，通过交流和沟通，相互学习、取长补短，不断完善林长制相关工作。

（一）"五个一"服务平台制度

1."一林一档"信息管理制度

目前，六安市6个林长制特色功能区、7个县区、153个乡镇（街道）、1866个村共设立各级林长5381人。针对林长对负责区域资源情况掌握不全面，林长责任认识不清等问题，各县（区）完善"一林一档"信息管理制度建设，全面建立各级信息档案库。

实行"一长一档""一区一档"，建立林长信息档案，包括林长信息、林长责任区、资源信息、人事信息、林业有害生物防治信息、年度林长考核信息、巡护档案信息的建设。市县两级林长明确本级林长职责，建立资源信息档案，并指导乡镇级林长和村级林长的资源信息档案建设。

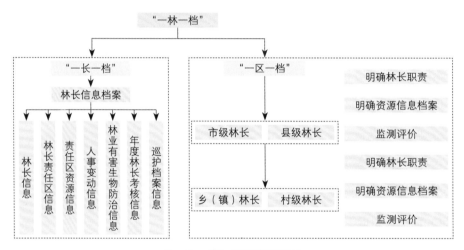

"一林一档"信息管理制度

2."一林一策"目标规划制度

六安市林长制发展快速，四级林长制度建立较为完善，已完成西山药库、江淮果岭、六安茶谷、淠淮生态经济带、淠河国家湿地公园、生态长廊6大功能区"一林一策"建设行动方案。但各个县区林长制特色方案仍未规划，无引领发展目标及方案，存在区域目标不清，发展后劲不足等情况。

市级林长办组织编制六安市有害生物防治方案、林业产业发展规划及实施方案、低效林改造建设方案，为县（区）级、乡镇级、村级编制相关规划和方案提供指导。县级林长办率先编制本级各林长制责任区"一林一策"目标规划及实施方案，示范带动基层，并加强对乡村两级的规划（实施）方案进行指导和技术支持。乡村两级林长责任区的目标规划（实施）方案，由当地基层林业工作站负责编制，没有设立林业工作站或技术力量薄弱的，由县级林长办统一组织编制。林长责任区为国有林场，自然保护区、森林公园、湿地公园等自然保护地，如已编制国有林场经营方案和自然保护区、森林公园等相关建设规划或湿地保护修复方案的，继续使用原有方案实施，没有编制的由自然保护地管理单位组织编制实施。

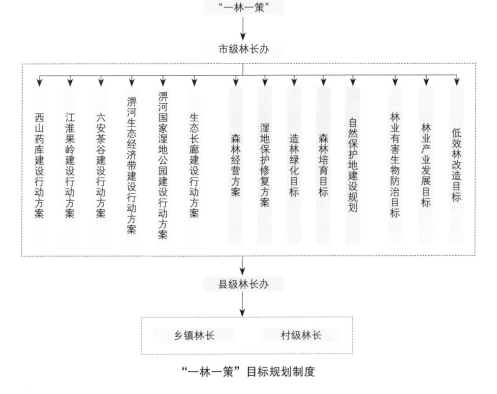

"一林一策"目标规划制度

3. "一林一技"科技服务制度

目前，六安市已设立科技服务人员413人，负责林长制改革发展的技术指导工作。但林业专业或林业相关专业人员仍然缺乏，对林长责任区发展的指导作用有限，需增加对林长制发展的科学技术支撑。

市级和县级林长办统一调配科技力量，确定技术人员直接联系一个林长责任区或连片联系服务多个林长责任区。设立市县级技术专家指导组，建立市、县、乡三级林业科技人员联动和合作交流机制，定期开展技术培训，研讨解决林长制发展过程中遇到的疑难问题，共同商讨林长制发展方向和目标。林业科技人员岗位职责包括林长负责区规划方案的编制，解决林业发展过程中的难题难点，包括生态公益林与天然林保护管理、商品林经营管理、经果林经营管理和松材线虫病等林业有害生物防控、森林防火、木竹及林产品加工利用等涉林事项，特别是要加强各区域松材线虫病源头管控、监测普查、无害化处置、防治除治等技术指导和监督检查，同时做好防控技术推广工作。

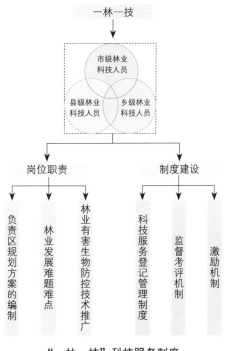

"一林一技"科技服务制度

建立林长责任区科技服务登记管理、监督考评机制和激励机制，做好科技服务全过程记录，为科学调配科技服务提供依据，同时对科技服务人员进行监督考评，包括科技服务的次数、时效性、有效性等，并设置相应的奖励机制，提高科技服务人员的积极性。

4. "一林一警"执法保障制度

截至2018年底，六安市共设立林长责任区公安民警375人。随着经济建设征占用林地数量快速增长，乱砍滥伐、乱采滥挖、乱捕滥猎、违法运输、非法占地等违法行为依然存在，生态保护压力不断加大。构建由森林公安民警为主体的"一林一警"责任制度。以市县两级林长责任区为基点，将行政区域内所有的林业资源分布区域划分为若干个警务责任区，分别配备一名责任森林公安民警，实现执法监管责任全覆盖。县（市、区）林业主管部门和森林公安机关统筹配备责任森林公安民警。对市级林长责任区和市级直属管理的林区，由市森林公安机关统一安排。设立县级林业总警长、功能区林业警长、乡镇级林业警长、村级林业警长。明确林业警长、森林公安民警相关职责，健全"一林一警"责任制度，并纳入林长制考核范畴。

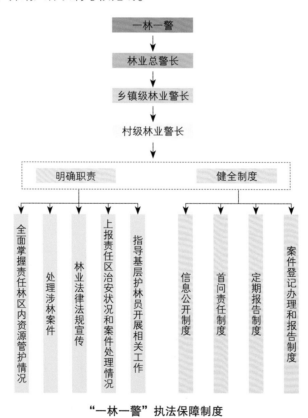

"一林一警"执法保障制度

5. "一林一员"安全巡护制度

2018年，全市共发生森林火灾13起，其中一般森林火灾10起，较大森林火灾3起，林业有害生物发生面积68.6万亩，林业生态安全形势严峻。

全面建立"护林"责任体系以保证林业生态安全，利用生态扶贫政策、公益性岗位、政府购买服务等方式，确保林长责任区护林员全覆盖，充分发挥护林员巡林护林责任，在四级林长组织体系之下形成"第五级"林长作用，有效落实林长制改革"最后一公里"问题。

实行"一林一员"（联络员和护林员），形成覆盖市、县（区）、乡（镇）、村，再到"一区一域、一山一坡、一园一林、一株一苗"都有专人专管的网格化管理格局。明确每位护林员的护林范围，加强重要林业资源分布区域的巡护。全面落细落实日常巡护工作职责，并定期对护林成果进行监督和考核。开展护林员法规政策教育和岗位技能培训，切实加强护林员队伍的组织领导和日常监管，保障护林员相关权利。形成依托基层、各级联动、覆盖全市的林业资源安全巡护体系。

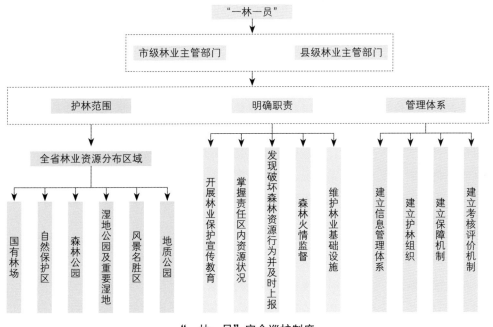

"一林一员"安全巡护制度

（二）相关会议制度

林长会议制度。林长会议由总林长主持召开。出席人员涵盖正副总林长、正副林长、林长会议成员单位主要负责人、林长办负责人以及其他根据工作需要确定参会人员。会议原则上每年年初召开一次。会议按程序报请总林长确定召开，会务工作由林长办承办。

联席会议制度。林长会议成员单位联席会议由林长办负责主持召开。副总林长、林长办负责人、林长会议成员单位联络员、根据工作需要确定参会人员。会议定期或不定期召开。会议由林长办提出，按程序报请总林长批准。

（三）考核督察制度

上下级监督体系。建设林长制督察长体系，全市设立林长制改革总督察长、副总督察长，由市委、市政府主要领导担任，督察考核市级和市级功能区林长制改革和推进工作；在金寨天马国家级自然保护区、舒城万佛山省级自然保护区、霍山佛子岭省级自然保护区、霍邱东西湖省级自然保护区4个自然保护区分别设立督察长，由市委、市政府相关领导担任，为重点生态区域的严格管护和合理发展提供保障；设立县级督察长，由市级区域性林长兼任，负责对管理区县林长制工作进行督察；在县、乡镇设立督察长，由县政府、乡镇政府相关领导担任，督察考核所辖乡镇、村级林长制改革和推进工作。设立督察员，负责督察考核护林员、巡逻员、技术员工作。

考核评价制度。建立林长制考核指标体系和考核办法，建立共建共享的森林资源保护管理和发展长效机制，保障林长制组织体系建设、基础能力建设、年度目标任务等顺利完成。上级林长办负责对下级林长制工作进行考核，考核内容包括对全面实施林长制工作情况，包括工作方案的出台、组织体系建设、责任落实、督查、信息、考核制度的出台与实施，林长制工作目标管理责任书执行情况等进行考核评价。

联动督察制度。建立督察长和林长督查、林长办督查、林长会议成员单位督查的联动督查制度。市级设立市总督察长、副总督察长，负责对全市林长制工作进行总巡查督导；市级功能区、自然保护区、各区县、乡镇、村分别设督察长，可由林长兼任，负责对本区域内林长制工作进行巡查督导。林长办督查负责对区域总林长、副总林长批办事项，涉及林长会议成员单位、下级政府需要督查的事项，或同级林长会议成员单位不能有效督导的事项进行巡查。责任单位督查负责对职责范围内需要督导事项进行巡查，督查对象为对口下级责任单位，督查情况报相关区域林长办备案。通过联动督查制度，对全面实施林长制工作方案制定情况、工作进度、阶段性目标设定、任务分解和落实、措施制定及工作方案实施情况以及林长制会议制度、信息报送和共享制度、工作督查制度、考核问责制度的建立和执行情况进行有效督查。

（四）信息收集制度

信息报送制度。按照及时、准确、高效的原则，建立信息专报和信息简报制度。各级林长会议成员单位和下级林长办应将重要、紧急的林长制相关信息、举措部署、工作动态第一时间整理上报至林长办，林长办负责整理选取、编辑、汇总、上报。应事先将上报信息梳理清楚，确保重要事项表述清晰、关键数据准确无误。

重大问题报告制度。建立林长制工作重大问题报告制度，形成逐级报告程序，坚持林长分级负责、依法处置的原则，做到及时、高效。市、县（区）、乡镇、村四级林长，遵循逐级报告程序，报告森林防火、林业有害生物防控、森林案件等林业重大问题。发生林业重大问题，实行书面呈报制度。紧急问题采用电话通信方式报告上级林长。及时掌握和处置林业发展中发生的重大问题，加强森林（湿地）及动物保护管理，维护森林生态安全。

（五）定期巡林制度

建立市县林长常巡林、乡镇林长月巡林、村级林长旬巡林、护林员日巡林制度。市级林长原则上每半年开展一次巡林活动，县（区）级林长原则上每季度开展一次巡林活动，乡镇（街道、国有林场）级林长原则上每月开展一次巡林活动，村（社区）级林长原则上每旬开展一次巡林活动，护林员原则上每天要例行巡林。将林农、大户等经营主体难以独立完成的护林任务列入乡村两级林长及护林员的巡林职责，推动林业发展与保护中的长期难题得到解决，实现通过林长巡林推动广大群众共同护林的目标。

（六）奖惩制度

提醒清单制度。建立林长职责提示提醒清单制度。根据林长制年度建设任务的完成情况，设立林长制改革正负面清单，各级林长办定期向总林长、林长送达问题清单和任务整改清单。正负面清单将作为各县区林长制改革推进和林长履职情况的重要依据，保障林长高效履职。

激励问责制度。结合考核评价制度，出台对下级林长制工作激励问责制度，根据林长制考核评价结果，按照实事求是、依法依规、奖罚分明、分级负责的原则，对目标任务完成良好、工作成效显著的单位进行奖励补贴，对在督查、检查、考核和审计中发现问题的单位进行问责。

第六节
六安市林长制主要任务

一、护绿

加强林业生态保护修复，切实保障国土生态安全。严守生态保护红线，实行严格的森林资源、湿地资源保护管理制度。全面加强古树名木保护、野生动植物资源保护，加大重点生态功能区、生态脆弱区的生态修复力度。加强自然保护地统一监管，构建以自然保护区、自然公园为重点的自然保护地体系，提升自然生态空间承载力。

（一）加强森林和湿地资源保护

落实生态公益林提高补偿政策，探索建立跨区域生态补偿机制；进一步理清天然林与公益林的关系，加速推进天然林保护与公益林管理并轨；创新森林资源经营模式，提高林区活力；加强森林资源、湿地资源安全巡护，探索建立森林巡护网格化管理制度；加强种质资源和湿地保护修复建设。开展一批公益林示范区、国有林场改革示范点、乡土树种保护示范点、珍稀树种人工繁育示范点、霍山石斛原种保护示范基地、国家级森林生态系统定位监测站等保护示范工程。

落实生态补偿。加强对金寨县、霍山县、舒城县、霍邱县、裕安区、金安区六个县区重点生态公益林保护建设，在南部山区（金寨县、霍山县、舒城县）打造生态公益林体系，落实生态公益林提高补偿政策。由市政府、县政府组织共同牵头建立协调机制和平台，建立可持续的跨区域森林和湿地生态补偿机制，各县区按照生态环境效益和直接经济效益，按比例分担生态建设和环境保护成本，实现区域生态共建共享。根据增减平衡原则，将乡镇生态功能不足、阻碍经济发展的公益林调整到生态区位更加重要的山区乡镇，由乡镇负责落实和提高调出区域的生态补偿。

建立公益林赎买租赁制度。加大政府财政投入，通过对公益林开展赎买租赁进行"兜底性"保护，探索护绿新方式。金寨县在天马国家级自然保护区试点建立集体林地租赁制度，整体将243911亩集体林地（其中公益林占比95.1%）补偿标准提高到28元，新增年补偿资金262.14万元，共涉及8个行政村、18000多人。通过建立公益林赎买租赁制度，提高深山区林农收入，有效促进群众保护森林资源的积极性、主动性，增加集体林地整体保护效益。

推进天然林保护与公益林管理并轨。确定天然林保护重点区域，加强天然林管护能力，进一步理清天然林与公益林的关系，将天然林纳入公益林范畴。组织编制"十四五"期间年森林采伐限额、天然林保护修复规划，实行天然林保护与公益林管理并轨。

加强林区基础设施建设，建立国有林场改革示范点。加强林区管护站、林区道路等基础设施建设，将国有林场道路建设按照属性纳入相关公路网规划中。除自然保护区外，在不破坏森林资源的前提下，允许从事森林资源管护的职工从事林特产品生产等经营，增加职工收入，积极推动各类社会资本参与林区企业改制。利用国有林场森林资源开展森林旅游，探索国有林场森林资源有偿使用制度，建立国有林场改革示范点。

强化森林资源巡护。进一步完善网格化巡护监管体系，探索建立森林巡护网格化管理制度，加大对野生动物集中分布区域和栖息地巡护巡查力度。通过无人机、视频监控、卫星监测等现代化手段，实现林业资源安全巡护全覆盖的精细化、综合化管理。加强森林资源、湿地资源监测，建立天马国家级森林生态系统定位监测站、城东西湖湿地生态系统定位站。建立基层林长、护林员和经营主体的共管共护机制，严防"两祸一灾"，保障基地平稳发展。

加强种质资源保护。开展全市林木种质资源普查，建设和完善林木种质资源保护库，有效保护林木种质资源。以国有林场、苗圃为依托，重点加强苗木花卉、珍稀保护植物、珍稀中药材、乡土树种等林木良种繁育，建设林木良种基地。建立映山红乡土树种保护示范点、银缕梅珍稀树种人工繁育示范点、霍山石斛原种保护示范基地。

实施湿地保护修复。开展河流湿地、湖泊湿地、沼泽湿地、库塘湿地保护修复建设，对重要水源地加强水源涵养林和水土保持林建设。加强湿地保护能力建设，着力解决好城东西湖湿地自然保护区内存在的现实矛盾冲突和历史遗留问题，建立湿地生态保护修复示范点。

（二）抓好生物多样性保护管理

将六安市生态敏感性高、生物多样性丰富、景观功能较强的自然保护区、森林公园等区域作为重点保护范围，采用就地保护与迁地保护、常规性保护与抢救性保护、人工繁育与科学利用相结合的方式，重点保护珍稀濒危动植物、典型自然生态系统和基因多样性。建立古树名木保护示范点、珍稀动植物保护基地。

古树名木保护。根据六安市第三次古树名木资源普查结果，建立全市古树名木资源信息管理系统和动态监测体系。掌握古树名木资源保护现状及存在问题，明确管护单位及林长，实行分级保护，全面落实古树名木分级鉴定、建档管理、挂牌保护，抢救和复壮濒危、长势衰弱、受威胁的古树名木，加强古树名木周边生态环境保护和宣传教育。探索建立古树名木保护基金制度，加大对古树名木保护管理科学技术研究的支持力度，组织开展保护技术攻关，大力推广应用先进养护技术，提高保护成效，确保古树名木保护率达到100%。

野生植物资源保护。通过建立植物园、树木园、种子库、基因库等不同形式的保护设施，对濒危物种、观赏价值高的物种或其基因实施迁地保护。针对受威胁程度较大、野生种群自我更新能力弱的极小种群珍稀濒危植物，通过开展苗木繁育、建立繁育基地、扩大人工种群规模，为野生资源的复壮提供资源。使六安市具有地方代表性、珍稀性和稳定性的天然植物群落以及生长良好的人工植物群落类型得到有效的保护，提高生态系统的生物多样性，维护生态平衡。

野生动物资源保护。通过动物资源调查，摸清全市珍稀濒危物种濒危状况、地域分布、环境胁迫影响因素，确定当地野生动物的典型食物链，保障食物链的完整性。对濒危野生动物实施拯救工程，必要时建立救护繁育基地，通过救护、繁育、野化等措施扩大野生种群。建立完善的监测体系并开展定期评估，密切跟踪动物种群和数量变化，必要时探索采取人工干预措施，维持种群的动态平衡。

典型生态系统保护。对六安市典型生态系统：北亚热带落叶—常绿阔叶混交林生态系统、北亚热带常绿、落叶阔叶林生态系统、水源涵养林生态系统、湿地生态系统进行保护。在生态系统典型区域实施重要生态系统保护和修复工程。在已有保护工程的基础上，进一步加强对森林生态系统的保护，采取严格的封禁措施，限制并减少各种形式的人类活动，保持动物栖息地的完整性，维持自然的演替过程。

（三）推进自然保护地体系建设

开展自然保护地普查，启动各类自然保护地调查、评价，完成勘界立标。做好自然保护地整合优化工作，解决保护地区域交叉、空间重叠等历史遗留问题，严格推进、从严把关自然保护地生态环境问题整改工作。加强自然保护地统一监管，探索建立以国家公园为主体的自然保护地体系管理机制。

自然保护地普查。对六安市现有自然保护地开展调查摸底和评估论证工作，完成勘界立标。对现有自然保护地开展自然资源、生态保护管理、管理机制体制、发展需求等情况进行普查。明确各个自然保护地的四至边界、管控分区、与其他自然保护地交叉重叠区域及面积、管理机构、管理制度、环保督察问题整改情况。分析保护空缺，摸清非保护地但资源价值较高的区域分布现状。

自然保护地整合优化。加强自然保护地统一监管，按照保护面积不减少、保护强度不降低、保护性质不改变的总体要求，整合各类自然保护地，解决保护地区域交叉、空间重叠的问题，优化边界范围和功能分区。构建统一的自然保护地分类分级管理体制，探索建立以国家公园为主体的自然保护地体系管理机制，实行统一规划设置、分区管控、分级管理，突出自然保护地生态系统原真性、整体性保护，建立分类科学、布局合理、保护有力、管理有效的自然保护地体系，建立自然保护地管理示范点。

二、增绿

大力推进国土绿化，广泛开展全民义务植树活动，推动"四旁四边四创"城乡造林绿化，深入推进森林城市、森林城镇、森林村庄、森林长廊建设。坚持人工造林、封山育林、见缝插绿相结合，实现应绿尽绿。实施长江防护林、平原地区农田林网、矿山复绿等重点林业生态工程。全面推进森林抚育经营管理，积极推广优良乡土树种，调整优化林分结构，不断提升森林生态服务、林产品供给和碳汇能力。

大工程带动大绿化。以长江防护林工程、农田防护林网建设工程、废弃矿山生态修复等工程推进国土绿化，细化造林绿化任务，落实目标责任制。推动造林工程与林业产业基地建设相结合，加强造林工程作业设计和施工管理，创新森林资源经营模式，促进森林资源可持续发展。推进霍邱县马店镇、金安区椿树镇矿山生态修复工程示范点建设，探索应用植被修复新技术、新方法，推广珍贵树种、优良乡土树种和名优经济树种，打造区域矿山修复样板工程。推进林荫工程示范区域（金安区施桥镇等）建设，完善森林网络，提升生态景观价值。

鼓励社会力量参与国土绿化。推进林木和绿地认建认养、捐资助林、"互联网+"义务植树，拓展公民义务植树尽责形式。发挥社团组织作用，广泛营造内涵丰富的多主题纪念林。鼓励在国家储备林建设、林业旅游休闲康养服务等林业领域运用政府和社会资本合作（PPP）模式，吸引和撬动社会资本投入。鼓励各类社会主体通过联建联营、绿化冠名、捐资造林、股份合作等方式参与造林绿化。

推进城乡绿化融合发展。深入实施"四旁四边四创"国土绿化提升行动，全面创建森林城市（金安区、霍山县等）、森林城镇和森林村庄。建立六安市建成区及县区建成区绿线管理制度，实行乔、灌、草、花相搭配的多层次、多色彩绿化模式，不断增加城市绿量，填补绿化空缺。大力开展城镇周边及裸露面山绿化美化工作，建设城郊公园、郊野片林、环城绕村林带、城乡生态廊道。推进乡村绿化美化步伐，开展美丽宜居乡村示范创建，在具备条件的地区建设一批森林特色小镇带动乡村绿化美化，促进乡村振兴，实现城乡人居环境增绿共美。

建立造林保障机制。各县区财政积极对林业产业示范基地进行补助，乡村级林长主动帮助协调经营主体规范林地流转，市县级林长积极推动林业、农业、财政等部门造林、生产设施补助资金的落实。

推行森林可持续经营。坚持适地适树，落实"一林一策"，大力发展优良乡土树种，因地制宜开展植树造林、封山育林、抚育经营和退化林修复，促进森林资源科学培育和高质量发展，提升森林健康水平和林地综合生产力。推进保护和培育相结合，造林和抚育两手抓，重点加强森林抚育，努力减少森林抚育历史欠账，加快推进新造林抚育管护，优化林分结构，提高森林质量。

创新万佛山国有林场、燕山国有林场、裕安区国有林木良木种场等国有林场森林资源经营管理制度，实行分类经营。在公益林下探索发展林下经济，在不影响森林生态功能的前提下，根据林地生态空间的承载能力，合理确定林下中药材的种植规模，适度开展森林旅游，通过创新制度，规范经营方式，推动国有林场的可持续发展。

三、管绿

加强森林资源监管与法治体系建设，完善资源监管体系，加强执法监督管理，加大简政放权和政务公开力度，加快完善地方林业法规体系，深入开展林业普法宣传教育，全面加强林业执法队伍建设和执法监督，稳步推进林业综合行政执法改革。预防治理森林灾害。建立信息采集、信息处理、决策支持、应急处置系统，健全森林防灾减灾体系。加强森林防火宣传教育和野外火源管控，建立森林资源长效监管机制。

完善林木采伐管理。推广森林经营方案，严格按批准的方案实施森林采伐。改进人工用材林采伐管理，探索林木采伐许可和监管制度改革，创新森林采伐和林地管理机制。鼓励各地科学开展人工商品林采伐，合理确定主伐年龄，简化管理环节，全面推行采伐公示制度，优先满足采伐指标需求。按照采伐量不大于生长量的原则，建立县域内限额总量控制、结构优化调整、区域综合调配的林木采伐管理机制。

提升林业防灾减灾能力。坚持预防为主、防治结合方针，建立健全林业灾害风险评估、安全预警、综合防范、应急救援机制。完善森林火险预警监测，强化火源管控和监督检查，完善应急预案，加强防扑火能力建设，努力形成科学高效的综合防控体系，实现森林火灾的有效预防和安全扑救。加强林业有害生物监测预警、检疫御灾和防控减灾的责任落实。着力抓好松材线虫病、美国白蛾、鼠（兔）害等重大林业和草原有害生物防治，努力减少灾害损失。实行源头综合施策，强化生物措施，完善基础设施，健全专业队伍和社会化服务，防御外来生物入侵，加强野生动物疫源疫病防控。在万佛山国有林场和天堂寨国家级森林公园设置林业灾害防控试点，在五显镇清塘村设置松材线虫病除治示范点，创新防控机制、防控措施，为林业防灾减灾提供依据和经验。

加大林业执法力度。完善地方林业法规体系，深入开展林业普法宣传教育。加强林业执法队伍建设，规范执法行为，落实"一林一警"责任，开展多部门联动、跨区域联合执法协作。积极推动涉林公益诉讼，建立林业行政执法与刑事司法有机衔接的工作机制。依法解决涉林产权和利益纠纷。按照谁破坏、谁赔偿的原则，严格林业生态损害赔偿和责任追究。开展森林督查，严厉制止和惩处乱砍滥伐林木、乱占滥用林地、乱挖滥采野生植物等违法行为。加强野生动物猎捕、繁育、经营利用和野生植物采集、培植、经营利用的监督管理。

建立合力共管机制。通过增加和落实抚育补贴，组织"一林一技"开展"四送一服""科技入户112"等活动，加强技术培训，强化林业产业基地管理，由乡镇林长组织各部门工作人员、村级林长、护林员开展密集巡护，支持基地周边群众组建工作队，鼓励群众互相监督，合力共管。

完善林业资源监测和管理服务。积极利用现代信息技术和最新林业科技成果，建立森林资源"一张图""一套数""一体化"管理服务信息平台，形成量质并重管理、实时监测与服务体系。开展林业资源现状调查、动态监测和综合评价，适时发布监测信息，接受社会监督。

四、用绿

以"生态产业化，产业生态化"为指导，积极实施林业经营主体培育、林业特色产业提升、林业科技推广、"智慧林长"等专项工程，建设集中连片的标准化生产基地，培育新型林业经营主体，着重实施林业低产低效林质量提升工程。做大做强一批龙头企业，积极探索建立龙头企业、合作社、职业林农、农户、职工的多种利益联结机制。促进林业产业创新和企业创新，将生态保护、生态利用融入林业产业发展全过程，实现"三产"融合发展，加速推动绿水青山向金山银山转化。

第一产业提质，建设高效林业基地。 筛选一批绿色富民工程，谋划重点项目，促进基地优质化转型，建设推进木本油料、特色经济林、花卉苗木、林下经济等绿色富民产业发展。结合西山药库功能区建设，打造林下生态平衡发展示范区，加大林下中药材与食（药）用菌种植的扶持力度和采集加工示范基地的建设，充分利用林下空间和生物资源，开发森林食品和药品。结合江淮果岭功能区建设，打造林业"三产"融合发展示范区，带动江淮果岭区内的桃、葡萄、梨、薄壳山核桃、油茶等特色林果产业发展。充分发挥林业在生态保护和产业发展扶贫等方面的优势，探索林业精准扶贫新路径。以林下种养业为重点，突出地域特色，着力打造"一县一业""一乡一品"的特色种植、养殖和食用、药用菌类培植等致富典型项目。

第二产业提升，做强林产加工业。 不断提升木本油料加工、特色经果林加工、木材加工、林药加工和竹产品加工为主的第二产业发展水平。鼓励企业做大做强，积极申报国家、省、市林业龙头企业，对信誉好、科技含量高、发展速度快、效益好的龙头企业在基地建设、林地利用、林业财政金融保险（政策性贷款和市场融资、减免税费政策）等方面予以政策扶持。引导和促进资源、资金等产业要素向优势企业集中，优势企业向产业园区集中。加大林业龙头企业扶持力度，不断壮大全市规模以上企业数量，基本形成以龙头企业为主导，中小企业为补充的现代林业产业体系，发挥辐射带动作用。要加快产业经济集聚发展，推进集基地生产、加工、现代服务业于一体的全产业链发展，形成产业布局合理，要素高度集聚，多功能有机协调，循环生态生产，产业融合发展的现代林业经济示范区。整合项目和产业资金，重点支持林业特色鲜明、产业基础良好的区域积极打造现代林业发展示范乡镇、示范基地、示范流域、示范精品线、示范村庄。

第三产业提速，发展林业服务业。 结合六安市南部丰富森林资源和北部丰富的湿地资源，打造一批森林旅游小镇、森林康养基地。发展以种养殖业为基础，融森林观光、采摘体验、加工营销一体化的产业新业态。积极发掘山水文化、茶文化、竹文化、花卉文化的内在价值，结合发展生态旅游、休闲观光、森林康养等产业，建设一批高水准的生态文化、教育、科普、体验基地。加快中医药产业与养生保健、健康养老、文化体育等相关产业的融合，培育特色产业、农旅、文旅、红旅等业态。鼓励开展以农贸市场、超市和连锁门店为主的直供直销活动及以学校、饭店和住宅区为主的定向配送业务。借力"互联网+"，推进林产品电子商务建设，采取"网订店取"和直达送货等形式，进一步拓展销售市场，推进互联网向林产品生产领域拓展。

五、活绿

完善集体林权制度配套改革，落实集体所有权、稳定农户承包权、放活林地经营权。培育壮大新型林业经营主体，积极引导集体林地规范流转，促进林业经营的规模化、集约化、产业化。健全林业管理服务体系，创新绿色金融投入机制，完善林权抵押贷款制度，消除金融资本流向林业的障碍，促进林业增效、农民增收。

（一）深化集体林权制度改革

推进"三权分置"和"三变"改革。明晰所有权、稳定承包权、放活经营权。依法落实林地承包人的权利，切实维护林权权利人的合法权益。在承包期内，集体经济组织不得强行收回农村转移人口的承包林地。进一步放活商品林经营，由经营者依法自主决定经营。完善商品林采伐更新制度，改进集体人工用材林采伐管理，简化采伐审批程序，鼓励经营者按批准的森林经营方案实施森林采伐，推行集体林采伐公示制度，大力推进以择伐、间伐方式实施森林可持续经营。

由农村集体经济组织统一经营管理的林地，要依法将股权量化到户，股权证发放到户，发展多种形式的股份合作。扩大资源变资产、资金变股金、农民变股东的"三变"改革试点，落实好集体经济组织成员分享集体资产的权益。根据农民意愿，引导农户以承包林地、资金、技术、劳力等要素入股、入社、入企，推进林业规模化产业化经营，增加农民的财产性收入。

引导集体林适度规模经营。鼓励和引导农户采取转包、出租、互换、转让及入股等方式流转林地经营权，促进林业适度规模经营。鼓励农户在自愿前提下采取互换并地的方式解决承包林地细碎化问题，引导部分不愿经营或不善经营林业的农户流转承包的林地经营权，并指导和促进其转移就业。推广收益比例分成或"实物计价、货币结算"方式兑付流转费，建立利益共享机制，引导农户主动参与林权流转。农村集体经济组织统一经营的林权流转以及农户委托农村集体经济组织进行的林权流转，要依法履行程序，到农村产权流转交易市场交易。

培育壮大新型林业经营主体。鼓励林业经营主体自愿组织联合、合作，组建专业合作社联合社、现代林业产业化联合体等，参与市场竞争。实施经营主体专项补助实施办法，鼓励规模经营，推行托管合作经营模式，鼓励乡（镇、街道）村集体林场、村民小组、林业大户以及各类林业经营组织与县林场、龙头企业合作，推行"公司+合作社+基地+农户""公司+基地+农户"等模式，主要用于商标注册、林产品质量标准与认证、品牌建设、生产条件及设施建设。到2025年全市新型林业经营主体达1362个。加强示范引导，争创国家级、省级、市级龙头企业，到2025年，全市国家级龙头企业保持不变，省市级龙头企业个数达160个。

（二）创新绿色金融产品与服务

完善林权抵押价值和收储担保制度。对贷款金额在30万元以上(含30万元)的林权抵押贷款项目，具备专业评估能力的银行业金融机构可以自行评估，也可以依照相关规定，通过森林资源调查和价格咨询等方式进行评估；对贷款金额在30万元以下的林权抵押贷款项目，由银行业金融机构自行评估，不得向借款人收取评估费。鼓励国有、民营等不同所有制经济主体设立林权收储担保机构，对抵押林权证和贷款人资信进行审查，指定专业的评估机构对抵押的林木资产进行估值，将抵押林权作为反担保物并确定担保金额；与金融机构、借贷人签订担保借款合同，向林权管理中心申请林权抵押登记。

推广普惠金融。充分发挥农村信用社点多面广、贴近林农的优势，全面推广普惠制金融，发挥信贷期限长、授信额度大、贷款利率优惠、信贷手续简便、适用林权证直接抵押贷款等特点。符合贷款条件的林农，可直接持林权证向当地农信社申请办理普惠金融贷款；符合中央和省级财政贴息条件的，优先安排上级贴息补助。其他商业银行要加强信贷产品的开发研究，适时推出适合林业生产特点的信贷产品，满足林权抵押贷款业务需求。

发展多元林业投融资机制。充分运用好国家财政贴息、森林保险保费补贴等政策，支持林业经营主体以林权证抵押融资，盘活林地上的林木及其他附着物资产。积极推广"经营主体申请、部门推荐、银行审批"的运行机制，帮助金融机构识别优质林业经营主体，推荐优质项目，提供林权流转、抵押、评估、担保、收储等一站式服务。依托农业产业化发展基金，设立林特产业子基金，鼓励有实力的企业参与林特产业子基金组建，按照市场化原则，专项投资林业特色产业。

开展叠加森林保险。在保持政策性森林保险全覆盖的基础上，结合林农需求与地区特色，对木本油料、特色经济林等特色林木推进叠加森林保险的投保。建立叠加森林保险合理分担机制，农户保费负担比例不低于20%，省、县（市、区）财政保费比例不高于80%，市级财政按照各地年度保费额的10%给予奖励。到2025年，全市公益林投保比例达100%。积极探索林下经济、苗木、森林人家等林业发展项目综合保险业务。保险公司要强化理赔服务，确保受灾户依法及时足额获得理赔。

（三）健全林业社会化服务体系

调动社会资本积极性。鼓励社会资本投资者通过股份式、合作式、托管式、订单式等运作模式，与农户建立紧密的利益联结机制，促进小农户和现代林业有机衔接。帮助林业经营主体编制森林经营方案，经县级人民政府林业主管部门批准后，按森林经营方案确定森林采伐限额，实行自主经营、凭证采伐；对于因林地经营权流转或者流转限期届满必须采伐林木的，尽可能满足采伐限额。

建立完善综合奖补机制，通过提高奖补标准，吸引更多社会力量投入造林绿化和森林抚育经营。鼓励社会资本参与森林旅游资源开发，发展森林生态旅游康养、林区休闲服务、花卉苗木观赏，开展森林文化教育基地与森林博物馆建设，并纳入相关产业发展规划予以支持。

规范林权流转。借助"互联网+"、物联网、大数据等技术手段，建立市林权交易基础信息平台，解决供需双方信息不对称的问题，扩大林权流转信息共享范围。研究各种流转方式各方的责任权利关系，制作格式规范的合同供流转各方参考。基层林业单位要加强指导，推广使用示范文本，完善合同档案管理，防止合同不规范引起矛盾纠纷。

强化林业科技服务。扶持鼓励林业龙头企业加大科研投入，通过工业技改、产品研发创新，提高产品附加值和市场竞争力。加强与科研院校合作，在良种繁育、营造林等关键技术方面取得攻关突破。加强林业科技人才队伍建设，发挥基层林业工作站直接服务林农的窗口作用，深入开展服务林农专业技术骨干培训、林业实用技术和基本技能培训，加大先进科技引进和推广力度，提高林业科技转化率和贡献率。

　　建立改革保障机制。林业、金融等部门要持续深化林权、金融体制等改革，对信誉好、潜力大、带动力强的林业龙头企业在基地建设、林地利用、项目资金、金融保险等方面予以长期的、集中的政策扶持。积极探索集体林地统一经营模式，着力释放出更大的林权权能。试点推进集体林权集中整体发包模式，对分散零星流转、经营不善的产业基地，根据林农意愿，由村民委员会统一收回，重新评估，整体发包。同时优化经营主体与农户之间利益共享、风险共担的经济利益链接机制，提高林地产出和林农收入。

第七节
六安市林长制重点工程

六安市围绕打造绿水青山就是金山银山实践创新区、统筹山水林田湖草系统治理试验区、长江三角洲区域生态屏障建设先导区，规划建设淠淮生态经济带、江淮果岭、六安茶谷、西山药库四大功能区。在山水林田湖草综合治理、绿色产业融合发展、林下生态平衡发展上做示范，示范建设沿淠淮生态保护修复、油茶转型升级、茶谷"三小"节点体系、中药材林下仿野生种植等工程，形成从北部沿淠淮河地区、中部丘岗区，到中南部浅山区，再到西南部深山区全面展开、平衡推进的绿色发展格局。

一、淠淮生态经济带

淠淮河生态经济带围绕打造统筹山水林田湖草系统治理试验区，坚持综合治理、系统治理、源头治理，统一规划，整体施策，

安徽省六安市淠河国家湿地自然公园山水林田湖草系统治理示范区
（胡保平摄）

全域联动。创建沿淠淮生态保护修复示范区，大力实施"四旁四边四创"、百里绿色长廊等工程，充分挖掘林业生态文化、发挥林业经济效益，把淠淮生态经济带建设成安全带、生态带、产业带、观光带和富民带。

按照淠淮生态经济带生态与经济区位，在北部重点推动东西湖生态修复示范点、霍邱县田园综合体、临淮岗湿地生态旅游示范点、林业产业基地等示范性工程建设，在中部探索六安市林业信贷和保险服务机制，在南部创新森林康养、家庭农场发展模式，构建以河为纽带，以交通网络形成区域联动的绿色发展格局，助力绿色振兴与经济发展。

二、江淮果岭

江淮果岭围绕打造绿色产业融合发展示范区，以水土保持为基础，以供给侧结构性改革为主线，以林农增收为目标，以现代生态林业产业化为抓手，全力推动六安市江淮果岭产业转型升级和提质增效，实现绿水青山与金山银山的有机统一。

六安市林果产业基本布局为"东脆桃、中香梨、西核桃"的特色格局。根据果岭区位要素和自然资源特点，结合六安市创建林长制示范区理念，充分发挥果树的水源涵养等生态保护功能，并有效融合产业、文化、旅游、生态、社区等，建立林果绿色创新示范。

探索创新油茶产业升级发展机制，实施一批示范工程，包括油茶转型升级工程、薄壳山核桃复合示范工程、优质特色经果标准化种植工程、果岭加工交易工程、特色果园综合体建设工程、小品种大产业培育工程等，实现让"分水岭"变成"分红岭"，打造成江淮分水岭治理的品牌区、供给侧结构性改革的先行区、美丽乡村建设的样板区。

安徽省霍山县林长制改革示范区先行区创新点
（安徽省六安市林业局提供）

三、六安茶谷

六安茶谷围绕打造绿水青山就是金山银山实践创新区，践行绿色发展理念，充分发挥林业多种功能效益，建立健全以科技创新、产业创新、机制创新为引领的生态经济体

安徽省六安市但家庙镇万亩油茶高效示范基地（安徽省六安市林业局提供）

系和发展模式。在六安市林长制改革功能区打造绿色产业发展先行区，把茶谷建设成产业谷、生态谷、旅游谷、养生谷、富民谷。

利用茶谷茶产业和生态旅游资源优势，结合核心茶产业区建设，示范建设六安市特优茶种原种资源保护工程；构建更为健康稳固的茶园生态系统，示范建设茶园增效增绿增色工程；围绕茶产业地域特色，构建茶谷小院、茶谷小站、茶谷小镇"三小"节点体系。以特色旅游节点建设带动茶谷生态旅游业发展，实现茶叶生产、茶文化宣传和茶农增收的"三赢模式"。

四、西山药库

西山药库围绕打造长江三角洲区域生态屏障建设先导区，加强生态空间保护，优化区域生态系统，顺应自然山水同脉同源构建区域化生态网络。在金寨县、霍山县创建林

长制改革林下平衡发展示范区，构建形成以道地、濒危野生中药材保护为牵引，以中药材规模化生态种植为支柱，以中药材加工流通、中药健康旅游为两翼、以其他配套产业为支撑的多产业融合中药发展体系。

　　依托南部山区独特的山水生态资源和林药资源优势，实施以中药材生态保护为基础，示范中药资源保护建设工程、优良中药品种种苗繁育工程；以中药材规模化发展为推手，示范中药材标准化种植工程、中药材林下仿野生种植工程；以康养旅游为载体，打造中药材特色小镇和康养旅游示范基地，实现革命老区绿色振兴。稳步推进中药产业发展，激发林业发展活力，拓展绿水青山就是金山银山的有效实现途径。

安徽省六安市霍山县林下生态平衡种植示范区（王礼来摄）

第八节
六安市林长制智慧平台与考核体系建设

一、林长制智慧平台体系

　　为推动六安市林业信息化建设，提升管理水平，构建林长制综合管理信息系统，实现市、县、乡、村四级林长上下联动，构建分级管理、查询调度、应急指挥等功能，同时为推行林长制护绿、增绿、管绿、用绿、活绿五大任务的量化管控指标体系和考核指标体系奠定坚实的基础，助力林长制改革，打造全国林业信息化管理样板。推动林业服务、管理、建设由传统化向数字、智慧化变革与创新，促进林业资源管理、生态系统构建、绿色产业发展等协同化推进，实现生态、经济、社会综合效益最大化。

（一）建设目标

　　全力抓好信息发布平台、信息咨询平台、林权交易平台、林业电商交易平台等4个平台建设，实现市、县林业部门、同级政府相互间的联网和信息交流。进一步建立和完善森林资源管理地理信息系统、森林资源培育管理信息系统、生态公益林管理信息系统、森林防火综合管理信息系统、林业有害生物防治管理信息系统、野生动植物保护与自然保护区管理系统等六大系统建设。加大简政放权和政务公开力度，全面推进网上行政审批，实现与公众的信息互动。建立林业资源信息化数据库建设，建好林业工程数据库、林业经济数据库、法律法规数据库。以林业信息化推动林业现代化，引领林业向"智慧化"迈进。

　　按照"互联网＋林业"管理创新架构的总体思路，构建实时监控、动态监测、互联互通的林长制智慧信息管理平台，以服务林长制改革为出发点，建立市、县、乡、村四级林长上下贯通、左右联通的信息化管理体系，严格遵循有关技术标准和接口协议，构建分级管理、查询调度、应急指挥等一体化平台，融接智慧林业云平台。助力林长制改革，实现林长目标责任考核、绩效综合评价、制度长效常态。通过建设林长制工作指挥系统、林长/护林员移动办公软件、公众参与微信小程序平台，从而实现资源监测实时化、工作决策科学化、目标管理精细化、考核制度规范化、管理方式长效化的林长制信息化建设目标。通过大数据分析及物联技术的普及，实现资源和生态实时监测，为森林资源、生态价值及林业产业提供基础数据服务。

（二）体系建设总体框架

林长制综合管理信息系统是以信息网络为支撑，以林业信息资源为基础，以共享交换为枢纽，以林长制业务应用为核心，以信息安全和政策标准为保障，由感知终端层、网络设施层、信息资源层、共享交换层、应用平台层，以及安全保障体系和政策法规标准体系共同构成的多层次、多体系架构。

（三）体系系统架构

采用"四横三纵"部署架构，横向以市、县共享平台为核心，分别向本层级对应的林长办和相关政府部门推送各类业务数据和监测数据。各级林长办和相关政府部门与本层级共享平台之间采用安全边界接入方式，保证政务网、林业网内部系统的安全性。

1.可扩展平台

结合全市林长制建设要求和趋势，平台系统能标准化接入及汇入市级平台，构建上下联动体系。同时根据《全国林业信息化建设纲要（2008—2020年）》《全国林业信息化建设技术指南（2008—2020年）》《"互联网+"林业行动计划》和《安徽省林业信息化"十三五"发展规划（2016—2020年）》建设要求，具备平台扩展性、兼容性。

2.多系统平台

根据全市林长制工作需求，结合总体建设架构思路和系统设计要求，遵循功能齐全、操作简单的原则，打造操作可视化、考核精细化、业务程序化、信息自动化、预警智能化、指挥科学化、工作常态化的全方位系统，形成有效的管理方法。

按照林长制管理模式、考核制度，应从指挥调度、任务下发、目标考核、异常处理、人员管理、数据分析、监控上报、群众监督、政策宣传、智能扫码、公告推送等方面出发，结合使用人员层级角色分配、智能设备普及情况等因素，重点建设多系统平台系统"一大中心"，即为"数据平台中心"。"三大功能"，即林长制工作指挥系统、林长/护林员移动办公软件、公众参与平台微信小程序。

（四）数据平台中心建设

1.平台中心建设

数据平台中心相当于整个系统的大脑，用于数据存储、智能分析、指挥拓扑、自动分发、短信提醒、业务分配、自我学习等功能，同时制定物联网标准接口，采用多种专业数据库分类存储。为了加强对数据的保密和传输的灵敏度，将"数据平台中心"开发配置到两台专线服务器中，保存在林业局指挥中心。

2.业务分类

业务分类是保障系统正常运行的关键，是任务上传下发、信息发布、政策宣传、林长考核评价的核心部门，按照林业局业务布设，将业务分为：林业产业、林检、种苗、造林绿化、林业技术、森林资源、执法、森林公安、保护区、林业站、资金管理等部门管理，平台中心后台管理权限由林业局管理，信息上报按业务归类，同时提供紧急短信提醒功能，保障信息及时响应。

3.大数据整合

平台中心建立统一标准的数据存储协议，并支持拓展，保障各项数据存储管理，如防火设施位置、传感器的分布、护林员的位置、巡护的轨迹、古树名木定位、上报点位置、二维码的分布等信息，为指挥调度、大数据分析评价提供技术支撑。

（五）"三大功能"系统设计

1.林长制工作指挥系统

林长制工作的业务办公平台采用B/S或C/S架构，包含应急指挥调度、护林防火监测、异常上报预警、工作信息下发、考核任务统计、特色分布渲染、整体概况规划等功能，可在大屏幕全屏展示、交互查看、业务办公等功能。

（1）应急指挥：通过系统可以对护林员、下级林长、林业专业技术人员进行指挥，可对设定责任区内人员进行调度，也可以在划定区域调度，如发现起火点可指挥起火点5千米的人员赶到现场，同时自动测算附近的蓄水池、防火器材的分布，针对现场情况可呼叫在场的林长、护林员，通过移动摄像头投射现场影像到指挥中心。

（2）任务下发：可下发位置任务、图文任务，让林长、护林员动起来，例如发现或上报一处盗采位置，可利用任务下发，让附近的护林员到现场查看处理。

（3）业务管理：业务管理是按照林长、护林员、林业技术人员进行分级管理，在责任区限定的范围内，实行业务分级，如防火、林政、林权、营造林、资源保护等，信息上报过程按业务分发，系统更高效、处理更专业、责任更明确。

（4）考核管理：上级林长可通过系统查看下级林长、护林员每个月的工作内容、工作日志、执行的任务、护林的时长等情况，一键考核统计，实现精细化、网格化管理。

（5）信息查询：丰富的数据展示，可以一键查看防火摄像头、传感器数据、古树名木、林长/护林员巡检记录、景区生态指标等因子，同时针对森林资源进行地类、森林类别、林地保护等级、林地功能分区、起源、权属、管理类型进行一键渲染。

（6）二维码打印：集成丰富的二维码生成工具，支持小班、古树名木、自然保护区、林长公示牌、天然林、林长、护林员等二维码一键打印更新。

（7）信息发布：发布和管理新闻、通知、林长圈、政策法规、动态导向、宣传介绍等信息，让林长制建设活起来。

2.林长通APP

林长通是林长护林员移动办公利器，也是基础指挥调度数据支撑者，具备移动性、及时性、简洁性、快捷性，根据各县级林长管理片区，打造丰富独特的管理模式，方便林长和护林员使用。

（1）巡检功能：包括林地巡检、防火督查、林业扶贫、野外调查、资源保护、资源核查和营造林工作等其他巡检。

（2）上报功能：林长和护林员在工作时发现情况，可拍摄现场照片（系统自动定位地理位置）在移动端选择上报，在上报页面可选择上报给上级林长和业务主管部门，根据紧急程度，可使用短信提醒，保障上报信息的紧迫性、时效性。

（3）成效功能：按照林长制考核指标和内容，将考核任务量化，结合各县林长制建设及考核要求，分目标进行直观化、数据化展示，让每位林长、护林员看到当月的工作日志，并制定针对性的努力方向和重点任务；同时上级林长可考核下级林长、护林员工作成效，进行督促。

（4）林长圈：林长可将自己工作区域特色、工作动态发到林长圈，也可了解同事的工作状态，林长圈是一个分享工作内容、交流工作经验、宣传林业信息的重要平台，同时也是打通了林长与社会公众之间的沟通桥梁，将枯燥的林业工作生动化。

（5）任务功能：可接受下级林长、护林员上报的审批任务和上级林长下发日常任务，也可以实现对下级林长、护林员指挥调度下发任务，是林长管理的重要构成部分。

（6）责任区：展示责任区内公益林、古树名木、林业站、检查站、保护区、防火摄像头、防火设施的具体位置，下级林长和护林员的动态，自然保护区、湿地保护区、森林公园、旅游区、林下经济特色区域分布，做到各级林长、护林员打开后责任区内信息了然于胸。

（7）信息查询功能：实现扫描查询、搜索查询功能，查询林地、小班、古树名木、林长、护林员、新闻、通知、任务等信息。

（8）政策法规通道：浏览、学习、查询关于林业和生态保护方面的政策法规，方便林长和护林员及时了解有关政策，是政策发布和学习的重要通道。

3.公众参与小程序

微信是普及度较高的小程序平台，在微信公众平台开发小程序，建立群众监督参与通道，具备推广快、零安装、跨平台、认知度高等特点，关注即可使用。

（1）扫描查询：扫描指挥系统中打印的二维码，可实现小班信息、古树名木、保护区、生态指标、管护日志等属性及图形信息扫码查询。

（2）搜索查询：可实现搜索林长、护林员、政策等方式参看最新的政策、林长/护林员工作日志、管护范围等信息。

（3）宣传展示：利用宣传展示功能，及时了解和关注林长制管理信息、宣传材料、林业科普、市场信息等。

（4）群众监督：利用扫码、查询等功能，对森林资源管理现状、管理质量进行实时评价，也可以了解古树名木认建认养、森林资源与绿地冠名、咨询林业专家等林业社会化服务。

（5）信息上报：信息上报是一项重要功能，是林长制长效运作的重要一环，单靠林长、护林员、林业技术人员进行收集及上报是远远不够的，需要群众的参与配合，发现问题及时上报，及时制止破坏生态环境、违法森林保护的行为；同时上报信息会及时分发到责任区内的林长、护林员。

（六）智慧林业

1.感知

林长、护林员进入责任区后，利用传感设备如红外、激光、射频、识别和智能终端，使林业系统中的森林、湿地、沙地、野生动植物等林业资源可以相互感知，能随时获取需要的数据和环境信息。例如，自动感知提示周围所存在的古树名木、林地、林长是否在所管辖的责任区内等信息。

2.大数据分析

（1）数据预警：通过对生态环境因子自动物联预警，对山林、野生动物、人类活动进行热成像预警技术，利用高分影像自动矢量化技术定期对林地变化进行核查，对护林巡迹进行大数据分析，针对性推送护林热力范围等。例：通过温湿度监测、达到临界值重点提示防火预警信息、古树生命力监测等，判断是否需要进行保护、施肥等操作。

（2）生态评价：通过对古树名木的累积评价可以直观地了解到古树名木、林地的生长状态。建立生态评价体系，践行绿水青山就是金山银山的生态发展理念。通过评价体系来衡量生态环境的好坏、林长或护林员的工作成效。

（3）应急调度：通过应急指挥系统可以对林长或护林员、林业专业技术人员进行指挥，可对设定责任区内人员进行调度。也可以在指定区域调度。如发现起火点时，可指挥起火点5千米范围内的管护人员赶到现场，同时自动测算附近的蓄水池、防火器材的分布，针对现场情况可呼叫在场林长或护林员，通过移动摄像头投射现场影像到指挥中心。

（七）发挥作用

通过林长制智慧信息管理平台建设，将各层级林长的责任范围、目标任务、绩效评价落实到空间网格，搭造一个基础性的、全面性的、动态管理平台，构建全市林业资源综合数据库，实现业务、管理、评价、决策的融合贯通与动态管理，将林长制的决策管理置于可视化的现实场景。其发挥的作用主要有如下3个方面：

1.优化管理决策

按照统一的技术框架和数据标准，使各类资源数据得到及时有效管理，决策依据丰富。利用地理信息和三维可视化展示，对资源数据进行综合展示与仿真，决策方式直观。通过对数据的挖掘与宏观分析，能得到可靠、翔实的数据支撑，决策能力提升。

2.提升管理水平

统一林业资源数据平台，实现业务数据相互衔接和融会贯通。建立数据采集、交汇、处理体系，实现数据适时更新与发布，实现林长制考核评价的动态管理。推动平台的护绿、管绿业务应用，增加森林防护能力，提高许可审批、核查检查、林政执法等工作效率，应急能力将显著提升，并及时发现和遏制破坏资源的现象，把各种违法行为消灭在萌芽时期，为落实护绿、管绿提供了强有力的技术支撑。

3.增强业务能力

通过"数据中心+客户端"的应用模式，各级林长特别是乡村林长在移动端，开展各项业务，降低技术应用门槛。在统一平台、统一标准进行"五绿"任务落实应用，并把业务数据及时展现在平台上，增加了各种业务工作的透明度，对业务工作者的行为形成有效约束，有利于规范业务工作行为。通过业务应用，形成各类业数据，及时反映到平台上来，达到对平台数据适时更新的目的，缩短数据更新周期为林长制考核评价提供基础数据支撑。

二、六安市林长制考核评价体系

为全面推深做实六安市林长制改革，根据《安徽省林长制省级考核制度（试行）》《六安市2018年林长制工作考核办法》制定林长制工作考核评价体系。及时掌握林长制各项工作的实施情况，督促各级林长严格履职，确保林长制实施目标任务全面落实。

（一）考核评价体系设计

六安市林长制考核评价体系以市、县（区）、乡镇（街道）、村（社区）四级林长为层级，实行"市级考核评价县级、县级考核评价乡级、乡级考核评价村级"的三级考核评价方式，对林长制综合管理与林长制工作成效进行考核。

林长制综合管理考核占比40%，侧重于林长制组织体系、责任体系、制度体系3个方面内容；林长制工作成效占比60%，侧重于目标任务完成情况，涵盖"五绿"和示范创新建设等6个方面的目标任务。整个考核评价工作针对不同的考核评价对象，按照"上层侧重管理、基层侧重实施"的原则，分别选设不同的考核指标和评价内容，并赋予不同的分值。该评价体系适应于六安市林长制2019—2025年目标任务实施情况的考核评价工作，省林长办另有新的规定从其规定。

（二）考核评价指标设置

1.林长制综合管理考核指标

（1）组织体系建设：县级及以下人民政府（或组织）和林长在服务林长制工作中加强组织管理建设的相关情况。具体建议包括：组织动员、设立林长、设立林长会议成员单位、设置林长办4个指标。

（2）责任体系建设：县级及以下人民政府（或组织）和林长在服务林长工作中强化责任落实的相关措施。建议包括：林长责任区划分及林长公示牌设立、林长会议成员单位履责、梳理林长职责、"五个一"平台建立、宣传教育、引导公众参与6个指标。

（3）制度体系建设：县级及以下人民政府（或组织）和林长在服务林长工作中加强能力建设的相关情况。包括：林长会议制度、林长办工作制度、督察制度、考核制度、信息公开制度、林长巡林制度等11个制度指标。

（4）工作方案制定：市县级政府制定创建全国林长制改革示范区实施方案，各级政府制定林长制工作方案。

2.林长制工作成效考核指标

（1）护绿建设任务：聚焦护绿主要职能，严守生态保护红线，加大重点生态功能区、生态脆弱区修复力度，加强林业生态保护修复。具体指标包括：森林资源保护、湿地保护恢复、野生动植物保护、古树名木保护、自然保护地保护。

（2）增绿建设任务：聚焦增绿重要途径，紧密结合林业增绿增效行动，提高森林质量。具体指标包括：造林绿化、森林质量提升、建成区绿化提升、"四旁四边四创"绿化提升情况。

（3）管绿建设任务：聚焦管绿预防建设，加大森林灾害预防治理力度，扎实抓好森林防火工作，防治林业有害生物。具体指标包括：森林防火、林业有害生物防治、林业案件查处。

（4）用绿建设任务：聚焦"用绿"生态福祉，深入推进林业"三产"融合发展，提升林业综合效益。具体指标包括：林业基地建设、培育新型林业经营主体、林产加工企业数量、森林旅游休闲康养。

（5）活绿建设任务：聚焦活绿动力源泉，深化国有林场改革和集体林权制度改革，扩大林业抵押和交易规模，促进林业增效、农民增收。具体指标包括：贯彻落实上级意见制定配套制度、完善林业生态效益补偿机制、林地经营权顺畅有序流转、加快林区道路建设、强化林业投融资服务、鼓励社会资本投入林业。

3.附加考核指标

（1）典型经验、创新做法在市级主流媒体刊登（播）（包括市委办公室和市政府办公室信息）；

（2）典型经验、创新做法在省级以上主流媒体刊登（播）；

（3）林长制改革工作获得省及以上领导批示或讲话表彰。

（三）考核评价指标评分

1.考评分制

林长制各级考核评价工作的最终得分由林长制综合管理考核和林长制工作成效考核得分组成。考核评价实行百分制，林长制综合管理考核40分，林长制工作成效60分。同时设附加分5分，鼓励县区创新。典型经验、创新做法在市级主流媒体刊登（播），1篇加0.2分，最多加1分；典型经验、创新做法在省级以上主流媒体刊登（播），1篇加0.5分，最多加2分；林长制改革工作获得省及以上领导批示或讲话表彰，每次加1分，最多加2分；林长制改革及主要林业工作被国家领导人批示直接加5分。

考核得分＝林长制综合管理考核得分+林长制工作成效考核得分＋附加考核指标得分。

2.考评等级

考核分为一类县、二类县。一类县:霍邱县、金安区、裕安区、叶集区；二类县：金寨县、霍山县、舒城县。一类县与二类县在林长制工作成效方面的考核分值设置不同。考核等级分为优秀、良好、合格和不合格4个档次。90分以上（含90分）为优秀、80～89分（含80分）为良好、60～79分（含60分）为合格、60分以下为不合格。

（四）考核评价组织实施

1.考核评价对象

（1）乡级考核评价村级的对象为村级林长制改革工作；

（2）县级考核评价乡级的对象为乡级林长制改革工作；

（3）市级考核评价县级的对象为县级林长制改革工作。

2.考核评价工作程序

各级林长办对照年度林长制工作任务书制定年度考核方案，经本级总林长审核同意后实施。各级林长办根据林长制目标任务完成情况进行自评，上级评价小组根据自评结果进行初评，由上级督查考核办、林长办等相关部门组成联合考核组，分组对下级林长制工作进行复查和现场抽查，形成年终考核评分，工作开展时序依次为"乡级考核评价村级—县级考核评价乡级—市级考核评价县级"。

（五）考核结果运用

1.追责问责

（1）追责问责形式：对考核结果不合格的县、乡、村级林长给予通报批评，并由上级总林长或副总林长对下一级总林长（上级林长对下级林长）进行约谈，责成限期整改。

（2）适用条件

①对年度考核评价结果为"不合格"的各级政府或组织进行通报批评，取消其各类评优及先进的评选资格。

②对近3年任意两个年度考核评价结果为"不合格"的各级政府(或组织)，由上一级林长对其林长进行诫勉谈话。

③对年度考核评价结果为"不合格"的各级政府(或组织)，应在考核评价结果通报1个月内，提出整改措施，向上一级林长办书面报告。未按要求整改或整改不到位的，依法依纪追究党政负责人的责任。

④参与考核评价人员应当严守考核评价工作纪律，坚持原则，保证考核评价结果的公正性和公信力。被考核评价对象应当及时、准确提供相关数据、资料和情况，主动配合开展相关工作，确保考核评价工作顺利进行。对不负责任、造成考核评价结果失真失实的考核评价人员或被考核评价对象，情节轻者予以批评教育，造成严重影响的按《公务员处分条例》规定严肃追究有关人员责任。

（3）表彰激励

表彰激励形式。对考核结果优秀单位给予通报表彰，考核结果纳入领导干部自然资源资产离任审计的考核体系，作为党政领导班子综合考核重要内容和干部选拔任用的重要依据。拟设立林长制工作先进集体、优秀林长、林长制工作先进个人称号，由六安市林长办根据相关规定设立。

适用条件。①林长制工作先进集体评选条件：对近3年任意两个年度考核评价结果为"优秀"且另外一个年度考核评价结果为"良好"及以上的，按3年总分高低进行排序，对得分排在前3名的单位予以表彰；②优秀林长评选条件：近3年任意两个年度考核评价结果为"优秀"且另外一个年度考核评价结果为"合格"及以上的单位，各推荐2名优秀林长候选人；③林长制工作先进个人评选条件：对在推行林长制工作中取得突出成绩的相关人员，由各级林长办推荐2名先进个人候选人。

第九节
六安市林长制改革保障措施

一、组织监管保障

（一）加强组织领导，落实责任到位

各级党委、政府是推行林长制的责任主体，要切实加强组织领导，建立市级林长保障工作制度，强化总林长牵头抓总、协调推动的职能作用。各级林长办加强组织协调，确定各级林长职责、林长会议职责、林长办公室职责。督促林长制会议成员单位按照职责分工，各司其职，各负其责，协同推进林长制相关工作。围绕压实各级林长责任，进一步完善制度机制，活跃落实方式手段，强化落实措施办法，增强责任落实支撑，拉紧责任落实链条，确保责任落实到位。

（二）明确目标任务，细化工作措施

根据林长制实施规划的目标，紧密围绕"五绿"建设任务，制定切实可行的林长制工作方案，拟定工作目标，明确进度安排和时间节点。完善"一林一策"目标规划制度，县级林长办编制本级各林长制责任区"一林一策"目标规划方案，示范带动基层，并加强对乡村两级的组织指导和技术支持。修订完善林长制改革工作考核细则，明确具体工作措施，突出项目化、具体化。使国土绿化、生态保护及产业发展措施落实到山头地块，发挥林长制预期效益。

（三）强化督查调度，严格考核评价

各级林长办要加强督查调度，及时掌握责任区内森林资源保护管理状况和责任区民警、联络员、技术专家指导组的履职情况。加强监督考核，把建立"五绿"责任体系、"林长制改革示范区"

建设作为重要内容纳入林长制考核范畴，市林长办对各县区"五绿"责任体系落实情况、林长制改革示范区实际建设情况进行督导检查，确保林长制改革各项工作任务落到实处。建立健全林长制工作督察、考核、奖惩等相关制度。将推行林长制工作纳入各级党政领导班子和领导干部综合考核内容，实行生态环境损害责任终身追究制。完善考核办法，充实考核内容，实化考核指标体系，根据考核评价结果启动问责和激励机制。

二、政策制度保障

（一）严格制度落实，强化社会监督

完善并落实"一林一档"信息管理制度、"一林一策"目标规划制度、"一林一技"科技服务制度、"一林一警"执法保障制度、"一林一员"安全巡护制度。实行区域性林长项目谋划、示范带动、联防联治的责任制度，落实林长会议成员单位分工负责、协调配合的联动机制，以制度落实保障工作落实，促进各级林长履职尽责。完善社会监督，继续开展林长制改革第三方评估。建立林长制工作信息发布平台，通过主要媒体向社会公告林长名单，在重要区域显著位置设立林长公示牌，标明各级林长的姓名、职责、管护目标、监督电话等内容，接受社会监督。进一步做好宣传舆论引导，提高全社会对生态建设与保护工作的责任意识和参与意识。加大新闻媒体、社会各界的舆论监督作用，鼓励广大群众检举揭发各种违反生态保护法律法规的行为。

（二）加强法治建设，增强管护力度

加强林业法治建设，坚持依法治林。加大林业执法力度，规范执法程序，依法严厉打击乱砍滥伐林木、乱垦滥占林地、乱捕滥猎野生动物等违法犯罪行为，严禁随意乱挖野生植物，严格森林和野生动植物资源的保护管理。依法保护林业经营者的正当权益，保护森林资源不受侵占，保护林区人民群众的生命财产安全。加强林业执法队伍管理体系建设，充分发挥森林公安作用。稳步推进林业综合执法改革，加强林业综合执法队伍建设，提高队伍素质和执法水平，建设廉洁务实、业务精通、素质过硬的行政执法队伍，处理各级林长和林长办交办的涉林案件。

（三）健全法律法规，严格执纪问责

根据国家已经颁布的森林、湿地、野生动植物、生态建设和保护的相关法律法规，为林长制运行提供法制保障。严格执法监管，强化规划管控，加强森林、湿地、野生动植物、古树名木等资源保护，落实各类自然保护地统一监督管理制度，以"一林一员""一林一警"为基础，全面建立林业生态资源源头保护的组织体系和责任体系。建立"林长制+检察院"的林业执法工作机制，加强林业行政执法与刑事司法的衔接。对破坏森林、湿地及野生动植物资源的违法犯罪行为，坚决依法严厉查处。

三、资金投入保障

（一）强化金融支持，加大资金投入

建立各级财政支持林长制实施的保障机制，将林长制工作经费纳入部门预算。充分发挥市场在资源配置中的主导作用，放活林业经营权，引导各类生产要素向林业生产领域集聚。引导基金加大对林业的投资力度，鼓励养老基金、保险资金、各类创业投资基金发展林业产业。支持生态保护和林业发展，积极引导金融资本和社会资本投入，推动林长制有序运行。

（二）引导多元投入，拓宽融资渠道

各级政府加大林长制投入，出台生态公益林保护、林区道路建设、林权改革等配套政策。开发林业全周期信贷产品，创新针对性抵押贷款产品，支持政府赎买重点生态区位商品林，推进林业企业直接融资。积极推广集体林权"三权分置"和"三变"改革试点效果应用，推动森林资源股权化。吸纳部门、金融、工商资本、各种经济组织等资本和力量，形成生态建设和林业产业发展多元化投资格局。鼓励社会资本和金融机构通过独资、合作、托管、订单、股份、债权等运作模式投入林业产业，拓宽投资渠道，加快林业发展。

（三）完善服务制度，创新保险模式

搭建林权服务和收储服务"一体化"平台，优化林权流转政策环境，完善林权评估、抵押、交易程序。出台林地经营权流转制度，加强融资担保服务和银企对接。建立健全信息发布平台，及时发布林地及林产品供求信息，完善市场化运行机制。建立生态文化和林业产业示范基地，发挥示范带动与辐射效应。探索商品林"政策性保险+商业保险"模式，充分发挥森林保险保单质押功能。开发创新商品林保险产品，探索"公益林＋商品林"强制性捆绑保险，推进林果、林下经济产品与林木共同参保。

四、科技支撑保障

（一）引进科技力量，开展科技攻关

加强与科研院校、大专院校的合作，积极引进国内外生态建设和发展绿色产业的先进经验和科技成果。依托市内行业龙头企业，整合创新资源，吸引国内外科研开发机构落户，培育高质量、高效益的创新型企业，形成科技产业集群。加强对生物多样性保护与利用技术、废弃矿区生态恢复治理模式、森林质量精准提升工程模式、油茶等良种培育、新产品深加工等科技问题研究、推广和应用，争取中央财政林业科技推广项目立项和实施，扎实开展林业科技示范区建设，充分发挥科技支撑作用。

（二）健全科技服务，强化科技支撑

完善林业基层科技服务推广体系，大力开展林业站标准化建设，保障和改善林业工

作站工作人员工作、生活条件，加强林业技术人员培训，提高基层林业技术人员的业务水平和管理服务能力。探索通过政府购买服务方式，支持社会化服务组织开展森林防火、林业有害生物统防统治、森林统一管护、产业发展监测等生产性服务，推进林业生产服务专业化。利用大数据理论和技术，以及地理信息、遥感、北斗和互联网等现代信息技术，建立覆盖全市的智慧林业综合管理和服务系统，建成科学实用、应变快捷、安全高效的"平台+移动端"林长制智慧管理体系。各县（区）从人员配备、设施设备建设等方面确保接入市级智慧林业系统，实现市、县、乡三级智慧林业平台互联互通、稳定运转。

（三）扩大成果转化，推广良种培育

扩大科技成果使用交流渠道，提高科技成果转化率。加快优良树种、油茶、花卉、药材、森林食品和绿色产品等新品种繁育和培植，以及绿色产品工艺和生物技术等新技术推广和应用转化，提高生态屏障建设和绿色产业发展的科技贡献率。大力推广经国家、省审定或认定的优良品种。坚持从宣传、示范入手，运用法律的、行政的、经济的手段，建立激励机制，实行优质优价，调动广大群众使用良种的积极性。加强组织协调，结合种苗调剂、调拨，优先安排使用良种，搞好种苗生产与造林计划的衔接，尤其是要与工程造林相结合。

五、人才队伍保障

（一）加强队伍建设，建立激励制度

充分发挥市级总林长在推深做实林长制改革工作中的引领作用。坚持德才兼备、以德为先的原则，着力加强国有林场领导班子建设。以六安市林业人才资源为基础，加强林长制人才队伍建设，充实壮大专业技术人员和护林员队伍。强化林业人才培养与引进，不断推进高层次人才队伍建设，培养一批先进适用人才。制定林长制人才培养专项计划，与安徽省、六安市等相关院校签订培养协议，进行定向培养。通过各种形式选聘和录用高学历、高技能的青年，在高级人才的选用及培养方面建立健全科学机制，完善人才引进、培养、使用和激励机制。为优秀林业人才创造良好的环境和氛围，努力形成人尽其才、才尽其用的局面。

（二）构建培训体系，储存后备力量

强化林业技术培训，提升从业人员的业务素质。成立林长制研究与培训中心，积极开展岗前培训、职业技能培训和管理干部培训，对一定规模造林经营主体、龙头企业、各级林长进行专题培训，明确自身职责、管辖范围。制定专项林业实用技术培训计划，到有先进经验的其他地市、国家林业和草原局直属单位、相关院校进行考察学习，增强理论学习，提高实践能力。针对六安市林业人才的现状，建设不同梯度的人才队伍，主动吸纳、及时重用林业方面的各类人才，储备一批独特专长人才。健全高级人才培训档案建设，规范高级人才教育培训情况登记等制度，将高级人才培训成绩及表现录入培训档案，作为今后使用人才的重要依据，为六安市林长制改革工作提供强有力的人才保障。

（三）建立专家智库，加强决策支撑

加快引进一批高级专家人才，加强学科和智库建设，不断推出有深度、有说服力的成果。建立六安市林长制改革相关行业科技人才库，设立林长制改革专家咨询会，建立健全专家咨询工作机制和专家评审制度。组建专家技术指导组，为"五绿"体系构建、林长制改革示范区建设、林业产业发展提供技术支撑。吸纳技术专家和科研人员参与政策制定和决策，为推深做实林长制改革提供科学指导。

主要参考文献

郑辉. 中国古代林业管理[M]. 北京: 科学出版社, 2016.

陈晓东, 阮跟军, 丁春梅. 河(湖)长概论[M]. 北京: 中国水利水电出版社, 2019.

鞠茂森. 河长制政策及组织实施[M]. 北京: 中国水利水电出版社, 2018.

黄亮, 王丽, 罗昊. 河长制——五级河长治水读本[M]. 广州: 广东科技出版社, 2020.

朱德米. 公共政策扩散、政策转移与政策网络——整合性分析框架的构建[J]. 国外社会科学, 2007(5): 19-23.

安徽省林业厅课题组. 探索推行林长制的成效与启示[N]. 安徽日报, [2018-10-30].

焦玉海, 全国17个省份开展林长制改革试点[N]. 绿色中国, 2020.

王硕. 全国23个省份出台林长制省级实施文件[N]. 生态·绿色产业, 2021.

全国首部林长制地方性法规出台[N]. 法规动态, 2020.

邓永林, 陈华成. 广东省生态公益林建设管理和效益补偿目标责任制的建立与考核[J]. 理论纵横. 2004: 45-46.

常纪文. 生态文明建设评价考核的党政同责问题[J]. 中国环境管理, 2016(2): 16-23.

陈叶叶. 论党政领导干部生态政绩问责: 特征、困境及路径选择[J]. 山西青年, 2018(6): 91.

夏瑜. 中国古代中央生态管理机构变迁初探[D]. 北京: 北京林业大学, 2012.

樊宝敏, 中国清代以来林政史研究[D].北京林业大学.2002.

敖安强. 森林问题的发展趋势及其对我国林业法制建设的影响[J]. 中州学刊, 2011(6): 105-108.

祁冰, 金作奎. 实施林长制对森林资源保护的影响[J]. 农业与技术, 2021(8): 3.

陈绍志, 周海川. 林业生态文明建设的内涵、定位与实施路径[J]. 中州学刊, 2014(7): 91-96.

沈晓旭. 基于政府职能社会化的林长制建设探讨[J]. 林业科学理论, 2017(15): 148-149.

杨传纯. 推进林长制改革的探索[J]. 现代林业科技, 2019(19): 189-190.

郑玉婷, 胡亮. 基层治理体系下林长制的实践与困境——以皖南H镇为例[J]. 四川环境, 2021(3): 5.

朱凤琴. 安徽省林长制改革的制度创新与提升路径[J]. 林业资源管理, 2020(6).

孙业强. 林长制改革存在的问题及措施研究[J]. 乡村科技, 2019(2).

陈雅如. 林长制改革存在的问题与建议[J]. 林业经济, 2019(2): 26-30.

宁攸凉, 韩锋, 赵荣, 等. 整体性治理视角下林长制改革研究[J]. 林业经济. 2019(9): 93-98.

曾凡银. 以林长制改革推进林业生态优先绿色发展[N]. 江淮时报, 2019.

陶国根. 国家治理现代化视域下的"林长制"研究[J]. 中南林业科技大学学报(社会科学版), 2019(6): 1-6.

徐济德. 全面推行林长制提升林业治理体系和治理能力现代化水平[N]. 山西科技报. [2020-1-7].

牛向阳. 加快全国林长制改革示范区建设、奋力推进安徽林业治理体系和治理能力现代化[J]. 安徽林业科技, 2020, 46(1): 3–8.

陈华彬. 安徽省林长制改革的做法、存在的问题与完善路径探析[J]. 安徽农业大学学报(社会科学版), 2020(2): 61–67.

唐小平, 罗敏, 黄国胜, 等. 林长制的安庆实践与创新[J]. 林业资源管理, 2021(1): 10.

李鑫浩, 何剑筠, 吴长华. 安庆市林长制的多级网格化管理模式探索[J]. 生态经济, 2020(8): 77–78.

滁林. 滁州市: "五化"促"五绿"推深做实林长制[J]. 安徽林业科技, 2018(3): 17.

胡继平, 贾刚. 试论安庆市林长制的实践与探索[J]. 中南林业科技大学学报(社会科学版), 2019(5): 12–17.

郭阳, 范和生. 林长制改革: 历史脉络、现实困局与未来路向—基于安徽省政策文本与实践调查的双重分析[J]. 合肥工业大学学报(社会科学版), 2020(4): 61–67.

钟南清, 方维芳. 林长制实施半年成绩亮眼——江西全面建成覆盖省、市、县（区）、乡镇（街道）、村（社区）五级林长组织体系[J]. 国土绿化, 2019(4): 32–34.

许志雯, 徐亮. 宜春市林长制改革存在的问题与措施[J]. 现代园艺, 2020(21): 214–215.

汪敏. 岳西县林长制改革实践[J]. 现代农业科技, 2020(24): 103–104.

洪洁. 从"林长制"到"林长治"的安庆实践[J]. 林业勘察设计, 2019(1): 38–39.

钟南清. 关于推行"林长制"的思考[J]. 国土绿化, 2018(8): 30–31.

魏甫, 吴康娟, 李林华, 等. 构建完善林长制管理体系的思考[J]. 中南林业调查规划, 2021, 40(1): 5.

陈先吉, 庆华. 皖西南地区林长制改革研究[J]. 山西农经, 2020(17).

刘武. 对安徽省林长制信息化建设的思考[J]. 山西农经, 2021(1): 2.

秦国伟, 董玮, 田明华. 林长制改革的内涵机制, 逻辑意蕴与生态扶贫——以安徽省为例[J]. 生态经济, 2020(12): 217–221.